U0840869

体验性设计，为日新月异的世界

我们将第一本书及所完成的工作献给我们的父亲母亲林肯(Lin Ken)和黄莉莉(Lili Wong)、约翰(John)和贝蒂·华纳(Betty Warner)，是他们一直坚定不移地鼓励我们去实现目标。他们终生学习，为人正直，对传统文化充满兴趣，家庭关系和睦。他们虔诚的信仰鼓舞激励着我们。这一切是我们建立公司的根基。

世界知名建筑事务所作品集

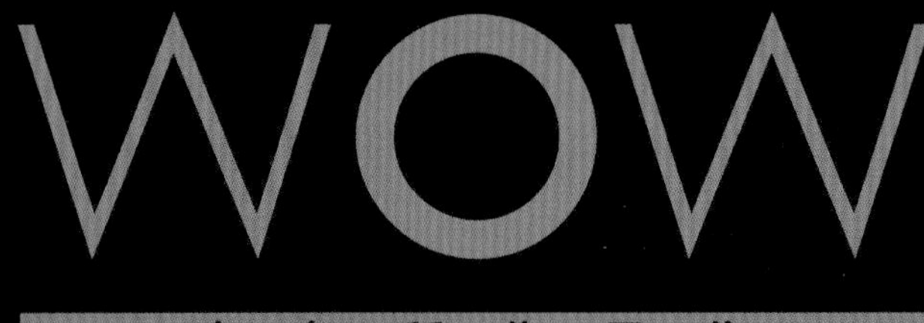

事务所作品集

[美] 奥斯卡·里埃拉·奥赫达 编
王小斐 胡一可 译

OSCAR RIERA OJEDA
PUBLISHERS

江苏凤凰科学技术出版社

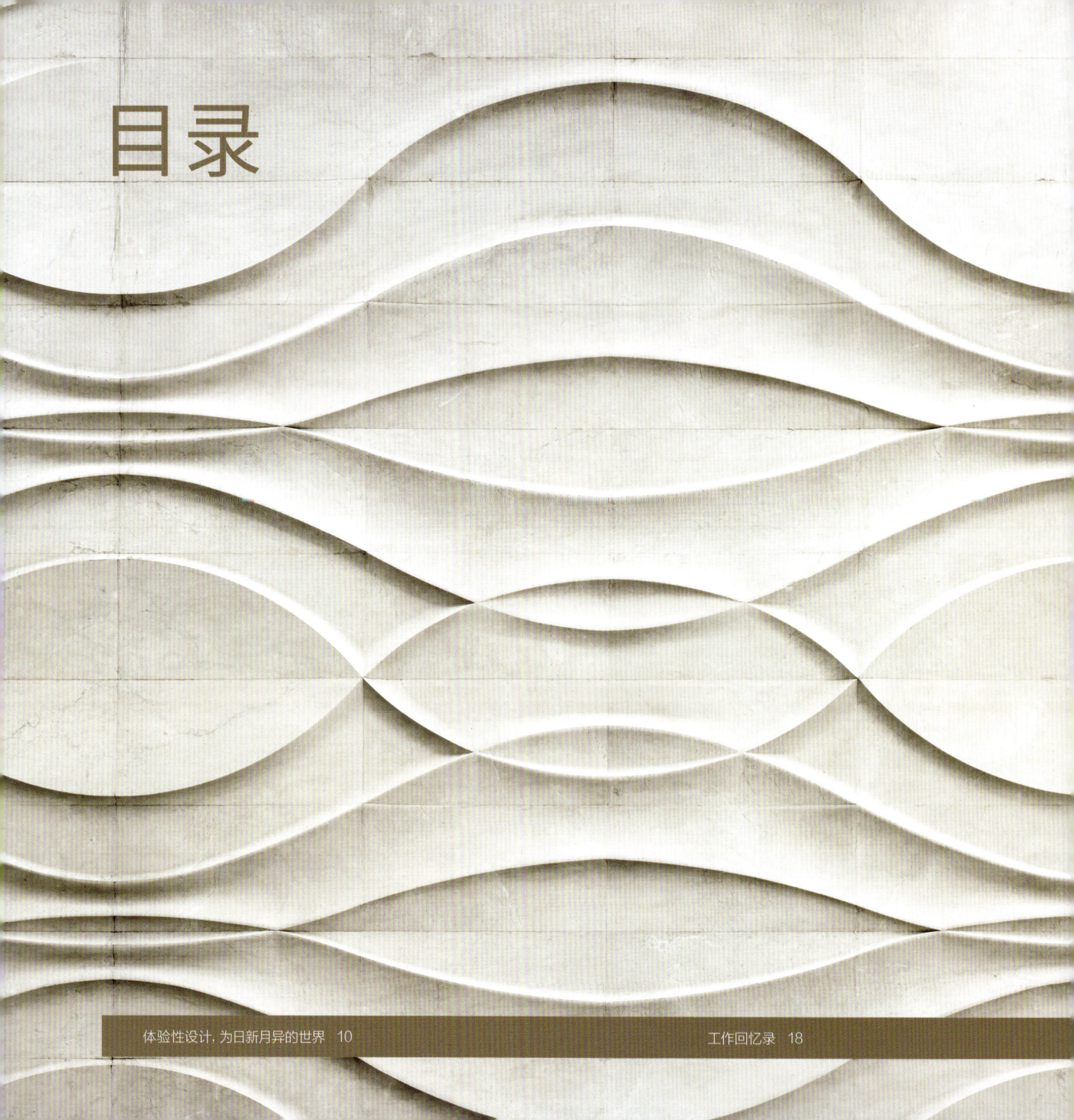

目录

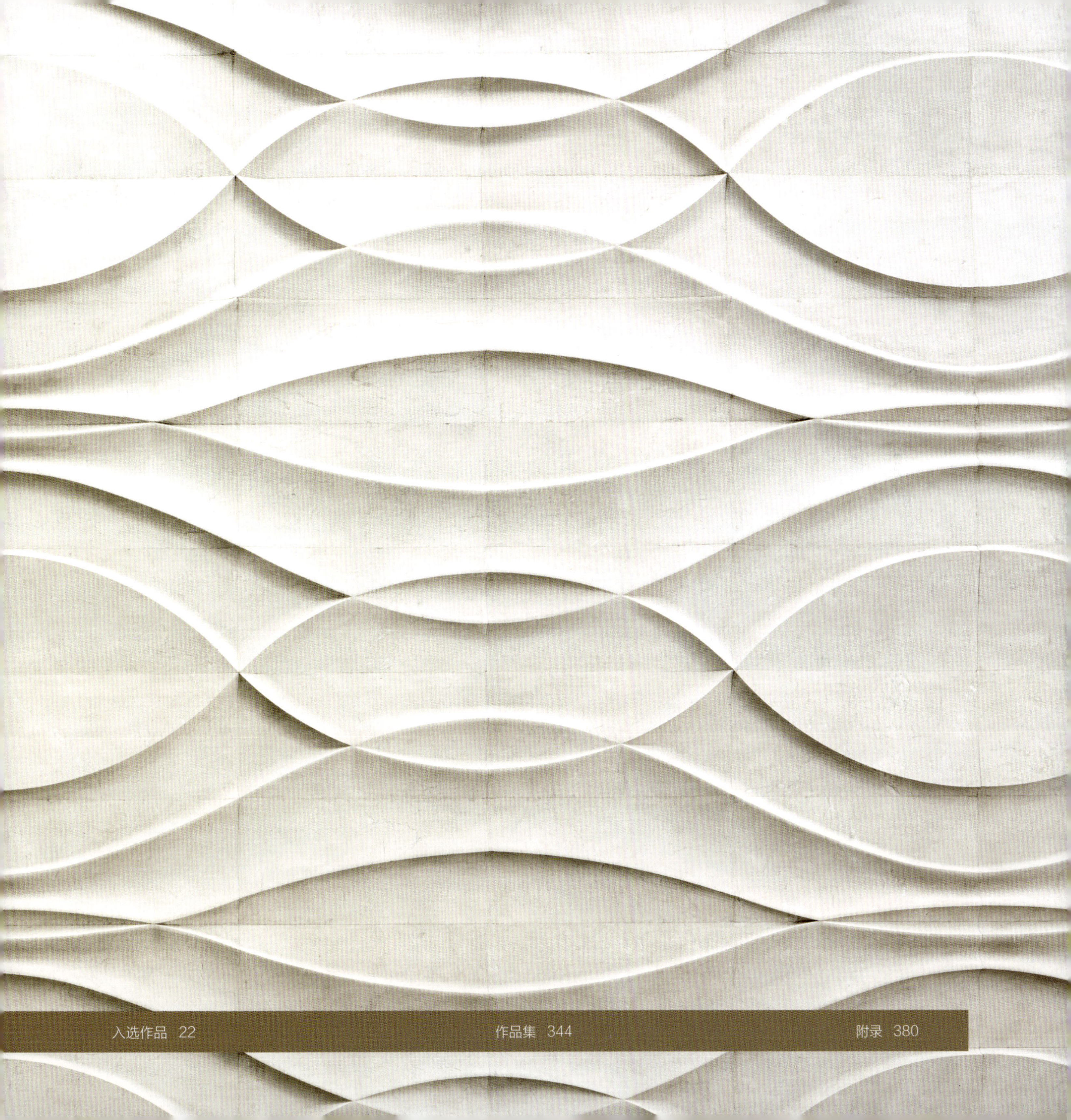

体验性设计，为日新月异的世界

达琳 · 史密斯

为特定地区及使用者创造出奇妙的感官交互和空间体验的渴望，驱动着 WOW 建筑事务所 (WOW Architects) 和“华纳 · 黄设计”(Warner Wong Design) 公司的设计师们。他们的作品跨越诸多国家和地域，这些地方正在经历着不同程度的经济发展和文化变迁。对地方文化和传统工艺的认知与欣赏，主是要通过身体和所有感官的充分交互来实现的，而这方面的设计在很大程度上要基于这里的使用者和居民对本土印象和生活体验中所形成的认知记忆。

事务所的这部主要作品集筹备多年了。事务所由黄超文(Wong Chiu Man)和玛利亚·华纳·黄(Maria Warner Wong) 于 2000 年在新加坡成立，是一家囊括了多个学科领域的国际综合性设计公司。该作品集挑选了分布于五个不同国家的 12 个广受赞誉的酒店、餐厅、私人住宅项目，以及一个受新加坡建筑协会委托的激动人心的建筑安装工程项目。通过该作品集，WOW 建筑事务所和“华纳·黄设计”公司的作品被完美地呈现出来。这部独特的作品集，是事务所在高速发展地区设计实施高品质项目的技术和专业知识的见证，其中的每一个项目都是一系列复杂综合的挑战。

作品集中的每项工程都综合了多种因素的设计策略，包含着独特的工艺和令人难忘的空间体验，并针对特定时间和场所进行设计。每项工程均凭借独特的灵感，力求设计空间和形式表达上的差异性。在这些国家迅速变化的政治、社会和自然环境中，项目在寻求适合于该选址解决方案的同时，常遭遇一系列的复杂挑战，这也意味着该地区的发展会迎来更为光明的未来；同时设计还会兼顾当地的历史、工艺、文化，以及它的自然之美。在每个项目的起始阶段，设计师都要去感知并接纳来自于场地中的触感、嗅味、视听等感官信息。然后，将这些感官信息整体消化，融会贯通，包括项目概要、项目进程、城市现状、当地技术、建筑文化和经济情况。当然，设计方案的不同风格会因具体项目而异，重视不同的创作灵感被展现在建筑的整体设计理念之中，渗透到各部分建筑细节、独特的感官交互体验和丰富的空间表达里。

主教门住宅，新加坡

班加罗尔泰姬维万塔酒店（Vivanta by Taj Bangalore）是一个综合了细节、概念、城市意向和商业策略的案例。酒店被设计成地景建筑，概念性地将地形扭曲生成建筑本身，将人们从街道引入其中。商业和城市意向使这栋建筑物成为街道的组成部分，游客徜徉其中，身心愉悦。酒店客房单元的幕墙系统采用了其所在的高新科技园研发的高新技术，建筑幕墙的设计灵感来源于周边美丽的环境，其蓝色和绿色的图案由最初场地的数字化图像生成。

在众多海外发展中国家的设计和施工过程中，项目所面临的挑战大多来自于施工人员对于新技术的应用经验、建筑细节的处理水平，以及业主开发新型建筑的经验及需求。有时候，也会面临因为国家或地区发展所带来的剧烈变化而完全改变施工环境的情况。印度古尔冈泰姬维万塔酒店（Vivanta by Taj Gurgaon）是一个在快速变化环境下完成的项目案例，这里既有的环境很难提供设计灵感。由于它处于现代建筑和贫困、荒凉、不适合生存的环境并存的区域，在形成的强烈反差下，WOW 建筑事务所决定建造一栋建筑，使其转换为一处优美而宁静的所在。它的空间组织是经由外部下沉空间相连通分层排布的一系列房间，通过内部和外部的庭院进入酒店的私人领域，从而体现了场地及其周边环境更宏观的规划和改变，以及创造健康环境的诉求。

在这些以及其他的酒店项目中，多种设计概念被强调，得以大胆运用。例如万隆希尔顿酒店（Hilton Bandung）的概念来自于造景，其设计被视作城市周围群山和峡谷自然环境的延续。酒店大堂通过设计呈现出一个引人注目的峡谷，分隔出来的河床和瀑布穿越其中，流向可以俯瞰整个城市和周边山脉的高原。

班加罗尔泰姬维万塔酒店，印度

“我们的使命是扎根于文化、记忆和场所，创造非凡的感官体验空间。”

玛利亚·华纳·黄

物理环境和区位环境通常是构成 WOW 建筑事务所诸多项目的灵感基础。例如圣淘沙湾住宅（Sentosa Cove House）的房间，它的灵感来自于一望无际的海面和辽阔的地平线。建筑横穿地块，笔直伸展，面向外部狭长的房间，饱览 180 度全海景。微妙的设计在内外部之间交替过渡，反映出的效果呼应了地平线。与地形的呼应超越了建筑建造的意义，定义了建筑不只是一个坐落在场所中的物体，而且可以与场所产生共鸣。由此，使用者可以观赏美景。另一个住宅空间——新加坡的主教门住宅（Bishopsgate House），采取了与之相似的做法。在这里，建筑是隐藏在茂密花园中一系列的亭台楼阁，悄然坐落于场地之中。从某种意义上讲，建筑在花园中隐匿了自身，成为了一座俯瞰周围美景的舞台。其他两个私人定制的住宅项目，日落溪谷住宅（Sunset Vale House）和奇尔特恩住宅（Chiltern House）使用了不同的设计手法来表达房屋内部空间和花园的关系。日落溪谷住宅将花园置于内部，并且将空间集中朝向花园，围绕、穿越花园；而奇尔特恩住宅利用建筑边缘使花园环绕房间。

在细节层面，这些设计常常受到丰富的文化传统和当地工艺的启发，建筑师们将这些传统的色彩、纹理和材料融入到设计之中。尽管这些项目彼此风格不同，但新加坡的奥查德住宅（Orchard Residence）和印度的曼陀罗住宅（Mandala House）仍然探索着在整体空间感官体验中如何使用丰富和极具质感材料的方法。在奥查德住宅中，材料被大量地制作加工成图案、浮雕和插画；而在曼陀罗住宅中，精美的材料被纯粹运用，用黑框装裱，如同美术作品一般。同样，事务所的餐厅设计方案也常常使用这些丰富的、带有本地传统特色的工艺，通过细节和工艺来重新诠释，如同其独特的烹饪菜单一般的空间体验。

奇尔特恩住宅，新加坡

“我们倡导通过社会、经济和文化背景获取信息，在设计上进行研究和开发，确定我们的设计表现策略。

黄超文

在 WOW 建筑事务所的许多作品中，共同的环节是对每个项目进行多样化的探究与赏析，这些要素赋予这些项目空间感和时间感，并塑造了项目的个性。每个项目都是基于其特定的环境背景进行单独构思的。通过建筑师们强大的专业背景调和多变的影响、设计的意图和场地的挑战， 每个项目都有完美巧妙、从本质上与地点和场所建立起独特联系的解决办法。这样做的同时，这些有特殊体验的设计因地制宜，并为用户创造有意义而难忘的体验。

作品的另一特点是思维的多学科交叉性对已完成项目的规划、设计、建造和运营的影响。事务所希望在任何项目所在地都不会被当成“境外”公司。为了这个目标，设计师们通过与本地专业人士的合作，如建筑师、景观建筑师、室内设计师、平面设计师、主要专家等，从结构工程、环境工程、餐饮服务设计和医疗服务等方面深入了解当地的情况，获得了丰富多样的体验。

曼陀罗住宅，印度

WOW 建筑事务所的作品能够和谐地融入到现代区域环境中。事务所以新加坡为实践基地，项目遍及东南亚、南亚地区，我们可以看到其作品沿袭自杰弗里·巴瓦（Geoffrey Bawa），他是同类型建筑师的先驱。在巴瓦的作品中，我们发现了起源于洛吉耶（Laugier）原始小屋的纯粹——人、住所、自然，以及边界。如果考察现代区域必不可少的特征要素，WOW 建筑事务所的作品切实地满足了所有标准——建筑与环境的协调、室内外的融合，以及材料的本土化运用。但仔细观察发现，倡导建筑与自然间的和谐关系仍是优先考虑的，而不再是使环境浪漫化。与巴瓦作品中翠绿的热带地区和乡下破败的背景下工作不同，我们发现自己正面对的是快速发展中或是发达城市水泥砂砾的现实环境。

在同代建筑师中有一部分人，玛利亚和超文，以及我的合作伙伴和我本人，都在美国诸多伟大的现代主义（以及后来的后现代主义）建筑师和思想家的指导下受过教育。当时机来临时，我们前往亚洲用自己深刻领会的“柯布西耶主义”和“密斯理念”武装自己，去创造适合使用者及当地本土文化的建筑，以回馈我们的学业和所受的教育。不夸张地说，亚洲城市展示了某些特点，它们精彩纷呈，也杂乱无序，而这一切正在我们的眼前改变。这使得建筑实践更艰苦，更具挑战性，但反过来，也充满了惊喜和机会。我们很快就意识到这项事业将是一场旷日持久且充满矛盾的谈判。

吉拉弟公寓，路易斯·巴拉甘

正如这本书的标题展现了不懈的奋斗历程：体验性设计，为日新月异的世界。如何实现这一雄心？答案便是营造场所。在旧城区中，我们试图在传统民居和海鲜市场中发现难以察觉的美，并将其归因于时间和礼制——这种美来自于时间的沉淀和文化习俗的特征。经过一年半载，也许这里的一切都将变成大型购物中心，或是办公大楼。在这种情况下，作为一名建筑师，须进行更深层的探索。建筑从来不因纯理性的考虑或直接成为环境背景下的一种结果而建造；它总能反映出个人愿景和文化理想。我们的童年回忆，我们的旅程体验，我们的个人历史，我们的执着——无论怎样，这些最终都体现在了成果之中。莫里斯·梅洛-庞蒂（Maurice Merleau-Ponty）问：“诗人和画家怎样表达超越周遭世界的内容？”[1] 一个人也可以这样问建筑师。我们构建的世界能使我们了解并记住我们是谁。

拉图雷特修道院，勒·柯布西耶

“空间的记忆难以把握，它短暂而生动，融合了真实与想象，也总是不确定的，并且回味无穷。颜色和纹理，噪声和寂静，温度和感觉，模糊的轮廓和专注的细节，童年的旧物和日常琐事，生理反应和高涨的情绪，空间记忆是这些庞杂片段的汇编。”

林顿·内里

彼得·卒姆托（Peter Zumthor）解释说：“因为我们的感觉和了解都来源于过去，我们与一座建筑的感官联系必须遵循回忆的过程。”[2] 空间记忆难以把握，它短暂而生动，融合了现实与想象，也总是不确定的，并且回味无穷。颜色和纹理，噪声和寂静，温度和感觉，模糊的轮廓和专注的细节，童年的旧物和日常琐事，生理反应和高涨的情绪，空间记忆就是庞杂片段的汇编。对事实无动于衷，被认识、语言、历史或意义所释怀。这种精神领域的建筑不是能用仪器测量出来的；诗歌的精华仅仅是通过一次邂逅、直觉和共鸣来呈现——我们体内无声的认识。这些难解的特征作为一种真实的感觉在作品中表现出来，不管其他条件多混乱、多不稳定。

我们的项目已经演变成诸多领域的综合实践，这并非偶然，为了在不断变化的环境中创造有意义的作品，我们需要考虑从景观设计、建筑设计到室内设计等所有可能性。在考虑景观设计时，我们经常联想到四合院，这是一种中国北方地区的传统建筑类型。对本土建筑风格的借鉴不仅要出于对当地历史的崇敬，而且要试图唤醒人们对特定地域和居住环境的集体记忆。规划组织、公共空间与私人空间的层次结构，以及室外空间的植入是设计的核心内容，它塑造了一种生活方式。当建筑物不再是独立的物体，而是与环境融为一体，人们的日常生活就会与自然相互交织。建筑提供了一个框架，它使人们从人工环境和自然环境中获取更加丰富的日常体验。

在建筑景观中融入水景元素是多地的文化传统，从亚洲到中东，再到地中海地区皆如此。水被视为生命之源，因此它往往被提升到神话般的地位。它的流动、它的反射性、它的声音、它的凉爽，很少有人敢说不被其所吸引。水与建筑结合，就成为天空和树木的投影面，成为自然的缩影。

当谈及建筑本身时，我们会组织那些非常基本的元素——墙壁、屋顶、窗户、门和地板，每个元素都有其明确的作用。但是，正如墙不应该仅仅是墙，我们从不简单地满足其功能性要求。约翰·帕森（John Pawson）描述过他的方法：“通常我把墙壁设计得很厚，并在门口显示其厚度，这是结实度感知的问题。从厚重的墙体之间通过是一种美妙的体验，你真的觉得自己从一个空间穿越到了另一个空间。”[3] 有时，墙上微微弯曲的线条可以让人感到兴奋，或者一条非常狭窄的通道可以让人保持警醒。建筑可以高度感性，这种感性与其功能性同等重要，是设计中引人入胜的部分。一些非常微小的东西可以立即反映出一个空间是私密的还是宏大的，是抵触的还是友善的，是安静的还是喧闹的。

针对室内设计，它不可避免地变得更加个人化，随着触觉占据主导，感官体验也更加丰富。在强大的空间中，一切都与人的身体相关，每个表面的设计都需要考虑用户用手触摸它的感觉，每个细节都需要为用户考虑。对于触觉，物质性和纹理成了我们的语言。在炎热的天气里，当你把手掌放在凉爽而光滑的石头表面，你会感觉像是被带往另外一个地方，这便是周全考虑材料处理的意义。金属边缘如何包裹木材表面，精细或粗糙，精巧或厚重，如何展示或隐藏，这些细节完全可以改变空间体验。

此外，通常被看作是装饰性的二维图形也可以对空间体验产生巨大作用。从自然、生活、艺术或文学中提取的图案、文字、模型可以在思维或直觉上给人以刺激。接下来就是颜色，我亲自体验过巴拉甘在建筑空间中的颜色运用，对此我感悟，光从来不是白色的，而阴影也从来也不是黑色的，它们短暂，转瞬即逝。日光在你的凝视中改变，房间的颜色也时刻变化。看起来像是经过光学的科学计算，事实上，巴拉甘的配色来源神秘，其实是从他故乡的风景和童年的回忆里获得的。他说：“怀旧是我们对个人过去的诗意认识，艺术家自己的过去是他创造潜能的主要源泉，建筑师也必须倾听并留意他从怀旧中获得的启示。”[4]

“我们可能想知道我们为什么喜欢某座房子、某个小镇，它们为何让我们印象深刻，让我们感动，究竟原因何在。房间像什么，广场看似何物，空气中有何种气味，置身其中，我的脚步声和发出的其他声响听起来像什么，我脚下的地板感觉如何，我手中的门把手感觉如何，光是如何照射到表面上的，墙上的光带来何种感受？有没有狭窄或宽敞，亲密或广阔的感觉？这就是研究，这就是关于记忆的工作。”[5]

班加罗尔泰姬维万塔酒店

要创造，首先要关注记忆。随着我们工作环境的不断变化和发展，对一个真正有意义的建筑的探索始于自我反省。WOW 建筑事务所的项目不再局限于其所工作的城市和地区，但有一点始终不变，他们的工作项目，无论是建筑设计还是室内设计，无论规模大小，无论是公共项目还是私人项目，都不可避免地与记忆过程相关。

模板展示，奇尔特恩住宅

1 Maurice Merleau-Ponty, Signs, as quoted in Richard Kearney, "Maurice Merleau-Ponty," Modern Movements in European Philosophy.(Manchester and New York: Manchester University Press, 1994) 82.

2 Peter Zumthor. Thinking Architecture. (Basel: Birkhauser, 2006) 17.

3 John Pawson. Minimum. (London: Phaidon Press Limited, 1996) 13.

4 Luis Barragan. The 1980 Pritzker Architecture Prize Acceptance Speech. (http://www.pritzkerprize.com/1980/ceremony_speech1)

5 Peter Zumthor. Thinking Architecture. (Basel: B Vomulli Island, Maldives irkhauser, 2006) 65-66.

入选作品

Vivanta by Taj Bangalore
班加罗尔泰姬维万塔酒店

班加罗尔，印度 | 19,638平方米 | 200间客房 | 2009年

“通过对场地、气候、文化、规划的现有技术和工艺的分析，进行数据整理、推断和假设，我的工作流程得以系统地推进。然而，在每个项目中，我渴望并力图创造一个奇迹时刻，在那一刻，可能突发奇想，并将所有的理性思维带入新的领域。我认为我的工作得益于不断的思考、模仿、对其他来源想法的整合，以及新的创造。”

黄超文

泰姬维万塔酒店（Taj Vivanta Hotel）位于班加罗尔怀特菲尔德 IT 产业园的入口处，是一个迷人的雕塑般的地标，牢牢地矗立在印度最重要的 IT 产业园旁。这座建筑被认为是拥有社区公共领域的“景观”。设计将地平面向上掀起，并以无始无终的莫比乌斯（Mobius）曲线将其环绕起来，从而使酒店房间处于富有活力、热闹而宽阔的公共空间内。建筑折叠和包裹的形式、表面粗糙的混凝土结构以及设计巧妙的高科技波浪状外观系统共同展现了该地区的发展愿景，并颂扬了这个拥有丰富传统工艺的国度及其工匠的手艺。2004 年，泰姬集团开始为新兴企业和新一代技术人员开发产品，他们选择了班加罗尔的 IT 产业园，这里被视为印度的硅谷，也是发掘年轻、互通和标志性品牌理念的地方。他们的设计任务书不仅是创建一个具有鲜明物理特性的建筑，以引起人们对新的维万塔品牌的兴趣，而且要为产业园的游客和专业人员所在的大型社区引入一处独特的社交场地。因此，建筑需要具有兴奋点和前瞻性，以与技术精湛的中产阶级们的需求相匹配。

酒店的裙房和社交空间被设计为室内外连通的城市公园，一直延伸到街道，以吸引酒店客人和公众进入其中，享受其乐无穷而闲适的旅程。建筑似乎是从土地中生长出来的，狭长的斜坡广场从地平面升起，让人想起农耕土地上崎岖的绿色丘陵，这曾是该地区的标志，酒店建筑设计是要将这片被遗忘的景观带回社区。裙房包括大厅、餐厅、酒吧和宴会设施，通过房屋与地面、建筑和景观之间的相似性完全融入园区。外部街道广场自然而然地融入室内空间，消除了公共和私密空间的界限，使裙房空间与周边花园和远处景观融为一体。这种地面与裙房融为一体的结构用混凝土浇筑，具有波浪状的凹槽线和微小的表面纹理变化，从而形成优雅的有机图案，留下雕刻和掠过其表面的手的痕迹。大厅内部的设计延续了俏皮的花园主题风格，将树木直接种植在大厅的地面之上，色彩斑斓的自由形态家具和图腾灯具像在游乐场中一样松散地分布。

在逐渐过渡到私人区域的过程中，一栋三层的酒店建筑拔地而起，围绕基地周围盘旋上升，俯瞰下方的社交空间。客房采用非常规的开放式设计，将床置于中心位置，仿佛一座岛屿。该布局既最大化地利用了房间的功能，也让人有身处于景观园林之中的感觉，房间中，有着自然的土地色调和以植物为主题的织物和图案。与裙楼的有机形式相比，客房建筑的幕墙外观具有现代感和科技感。将原始基地农业景观的记忆概念化，建筑物外观的模式源于基地郁郁葱葱的景观的数字化图像。从远处看，建筑物与地表的绿色和天空的蓝色融为一体

上一页 | 住宅单元凌驾于曲折的屋顶平台的酒店全景和主要出入口之上

左 | 舞厅前厅的北立面

上 | 建筑通过北立面采光

中庭和入口落客区之间的大堂凸显酒店规模

左 | 从大堂接待处到健康服务和零售区的内部长廊

右 | 到屋顶花园的庭院楼梯延伸至大堂进入商务中心的区域

左 | 从主入口到露台酒吧的向上楼梯和从商务中心到会前功能区域的向下楼梯

上 | 通往健康长廊的通道与观光服务柜台

下一页 | 印度北边边境特色的风味私房菜餐厅和全日餐厅位于两侧倾斜两倍层高的动态空间设计内，并与外部空间有力衔接

上一页 | 夹层套房由一个曲面将卧室同上方的小厨房分隔形成，卧室后面的洗漱台为自然采光的开敞空间

左 | 倾斜的地坪坡道形成了下面大堂的空间

右 | 大堂上方修整成斜坡的屋顶花园吸引着沐浴日光的游客

上 | 大堂和商务中心外部庭院中的晚间景象

右 | 夜晚望向庭院，房间的两翼悬于其上

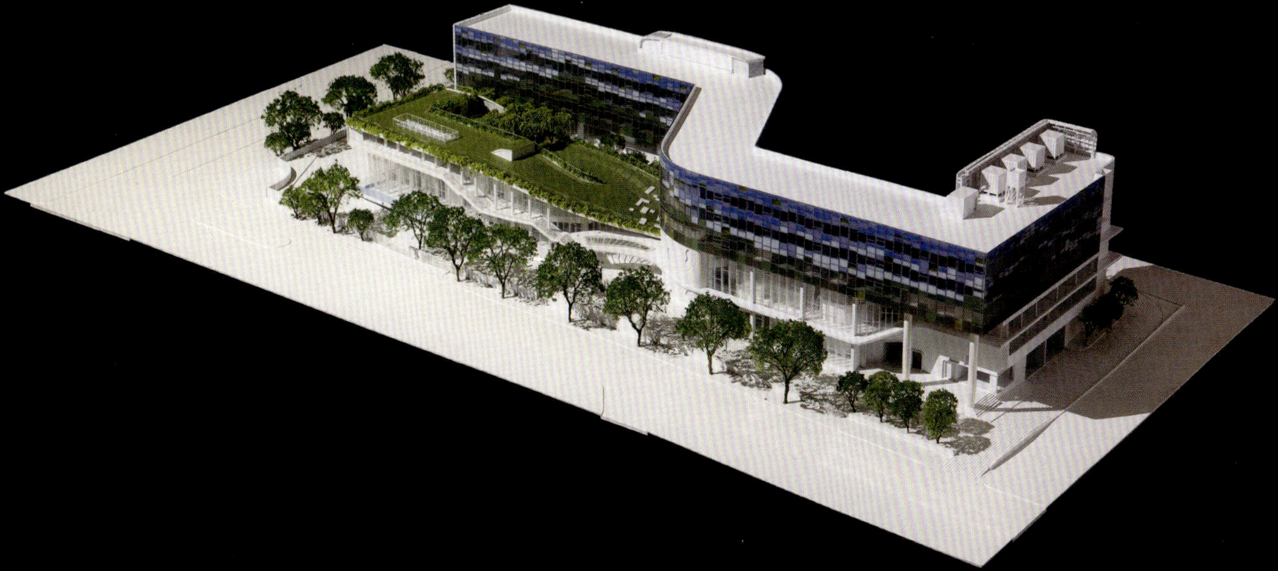

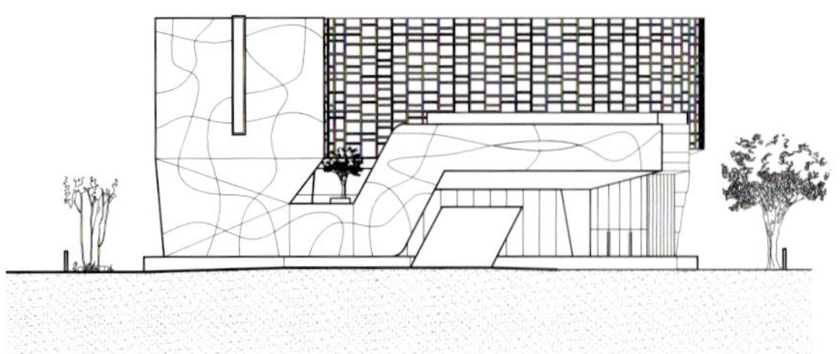
北立面剖面图

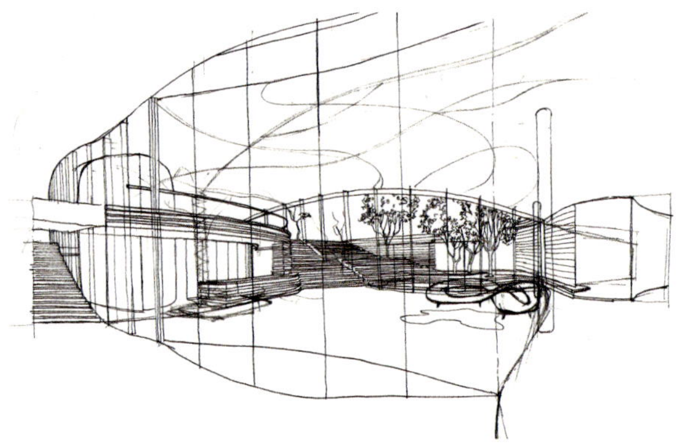

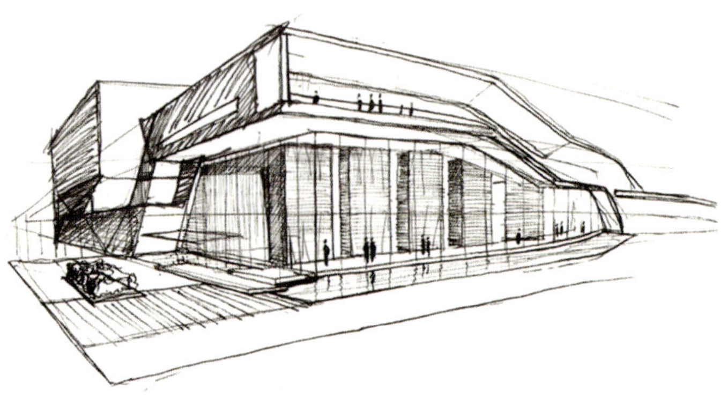

泳池剖面图

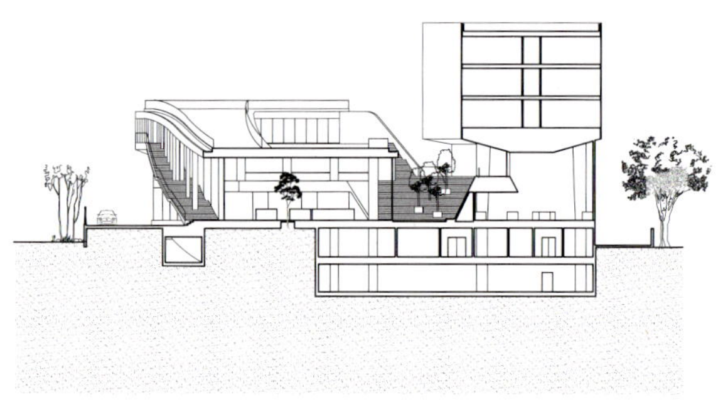
大堂剖面图

0 5m 10m 20m 30m

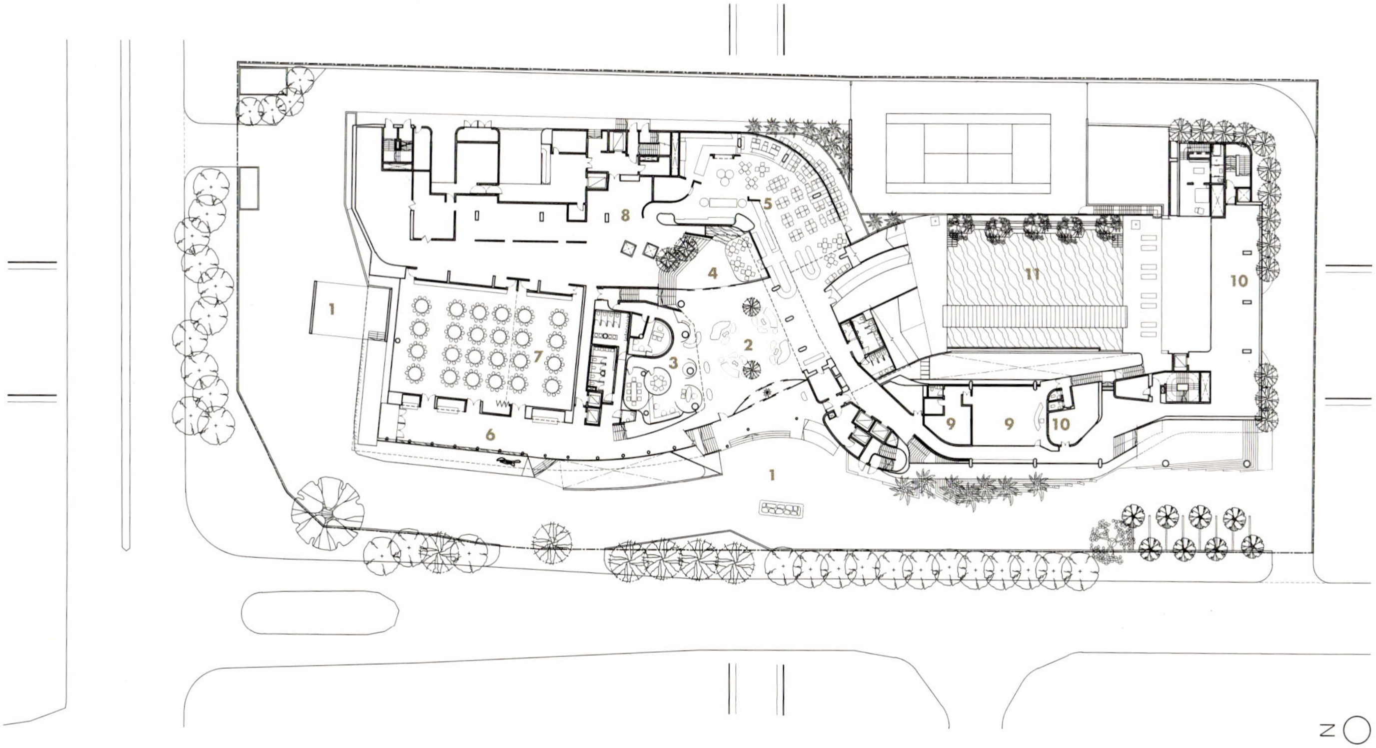

底层平面图

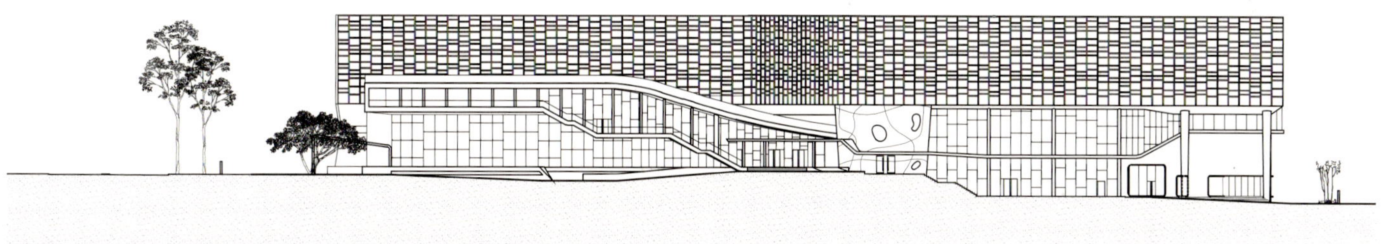

西立面剖面图

1 落客区 | 2 大堂 | 3 商务中心 | 4 庭院 | 5 全日餐厅 | 6 前厅 | 7 舞厅 | 8 厨房

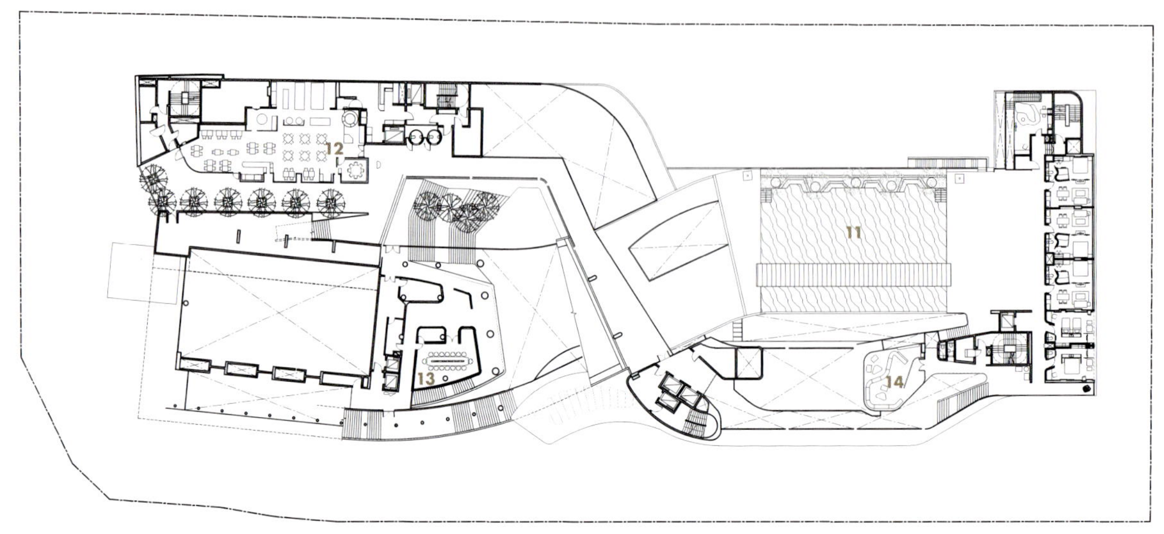

二层平面图

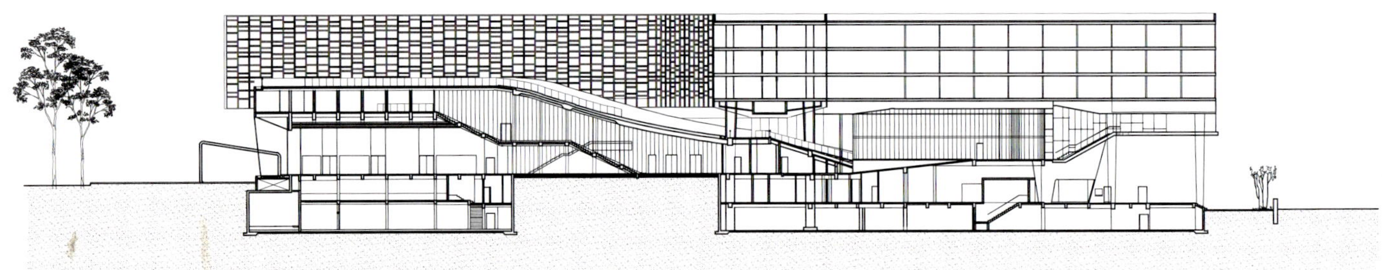

大堂剖面图

9 健身房 | 10 零售商店 | 11 泳池 | 12 餐厅 | 13 多功能厅 | 14 俱乐部休息室 | 15 屋顶露台 | 16 酒吧休息室

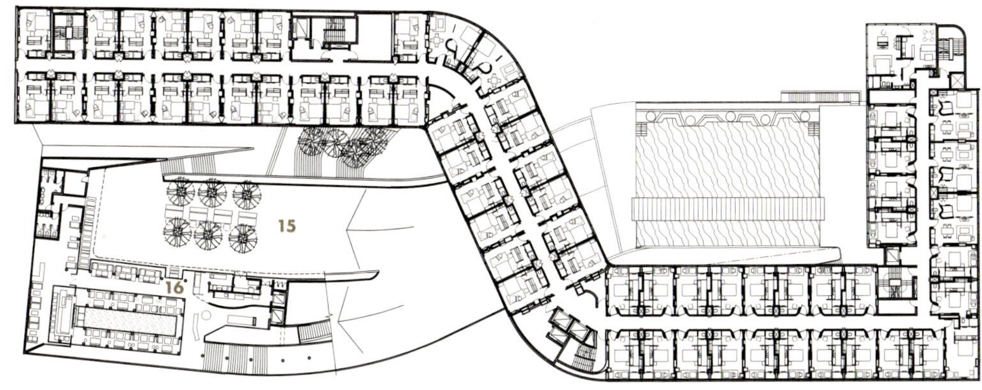

三层平面图

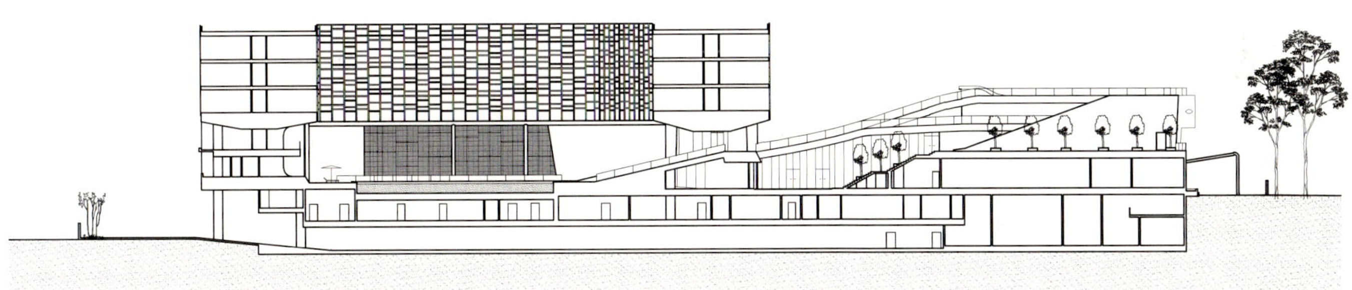

泳池和屋顶露台剖面图

Hilton Bandung
万隆希尔顿酒店

万隆，印度尼西亚 | 30,000平方米 | 200间客房 | 2009年

“灵感有各种来源，有些令人惊讶，有些在意料之中。当走访某个场地或区域，看到令人回味的工艺品、习俗或传统时，我们的好奇心就会被激发，团队就会去研究相关资料，以了解该地的基本特点。我们的设计方法不限于特定的风格或审美，我们发现，使一个地方具有明显的特点，并让用户能够感知，可以激发多样的美学效应。”

玛利亚·华纳·黄

这家五星级的希尔顿酒店是一个以景观概念为核心的城市度假胜地，坐落于环绕整个印度尼西亚万隆壮观的巴拉香甘（Parahyangan）火山山脉脚下。酒店位于市中心，给人一种从幽深的峡谷上升到园景山顶高原的意象。事务所把大厅设计在峡谷的底部，访客从主大厅进入酒店，通过高大而宽敞的空间进入五楼，来到外部带有泳池的露台“高原”。从这个微风徐徐的园景高原远眺，客人可以欣赏到万隆曾受荷兰殖民历史影响的装饰派艺术风格的建筑物屋顶，以及远处壮观的山脉景象。事务所将建筑、景观和室内设计整合，共同提供感官体验，设计融入了爪哇（Java）文化和当地城市和地理特色。酒店概念中景观和文化的特殊性挑战着酒店品牌体验的普遍性，从根本上与其所处的地点和时间产生关联。

万隆是田园诗般的山地城市，位于爪哇岛的中心，吸引着来自印度尼西亚以及东南亚各国的游客。事务所将酒店设计为一个城市度假圣地，以适合举办大型社交聚会。巨大的门厅仿佛上演着社会戏剧，当客人从宏伟的螺旋楼梯拾级而上，往返于一系列的颇具戏剧化风格的桥梁之间，他们自己即成为演员。巨大的石柱有机地呈螺旋形上升，直达上层的大堂，突出了峡谷空间的高耸比例。中庭大厅由引人注目的倾斜墙壁围成，其表面贴大理石，刻有波浪形的浮雕图案，其灵感来自于爪哇人的特色蜡染。墙壁在接待区、餐厅和宴会厅有一处大开口，供客人自由活动。沿着体验式长廊，客人可以感受一次精心设计的酒店之旅，通过长廊，客人可以抵达各个楼层，游览时有流水相伴，水从泳池周围的镜面池塘流出，向下落入水疗中心和花园，并流入瀑布，最终到达大堂宽敞的河床。

游客非凡旅程的高潮出现在第五层的园景高原，土著爪哇小屋点缀在休闲屋顶花园之中，并在镜面池塘中映出倒影。室外餐厅可俯瞰到泳池，使度假村的氛围完美无缺。事务所将客房作为城市景观的背景，在所有客房内，包括其玻璃封闭式浴室，都可以欣赏到山区周边的壮丽景色，增强了酒店的度假氛围。

酒店客房和私人区域的设计灵感来自于由丰富木材、扎染织物、蜡染风格地毯和殖民时期的家具构成的爪哇式美学，事务所将其融入到现代化的室内设计中，与运营商的品牌标准相一致。通过服务、空间营造，以及与工艺的高雅文化和区域特质相呼应的细节设计，访客可以体验到万隆的热情好客及其悠久的历史，与万隆相关的颇具魅力的旅行传统同时也被继承下来。

左 | 酒店主立面上的垂直防晒散热片

万隆市区度假村远处的火山山脉

左 | 地平面切割急剧倾斜的墙面形成度假村的屋顶

右 | 主楼房间底部与门廊连接处的细部

左 | 视野通向城市得中庭景观和通往宴会厅的桥

上 | “峡谷”大堂接待处位于门廊右侧，水从远处桥体后部的墙面上倾泻三个楼层

下一页 | 从大堂到宴会厅的旋转楼梯，远处的桥连接舞厅专用电梯和舞厅前厅

上 | 三倍层高的屏风将客房电梯间与私密空间分隔开来

右 | 俯瞰铺有爪哇蜡染风格地毯的大堂

本页 | 远处可见拉香甘火山山脉的双大床家庭房，地毯的设计灵感来自于爪哇蜡染图案

下一页 | 标准客房有 40 平方米，从浴室看向卧室有开阔的视角，卧室内配有矮

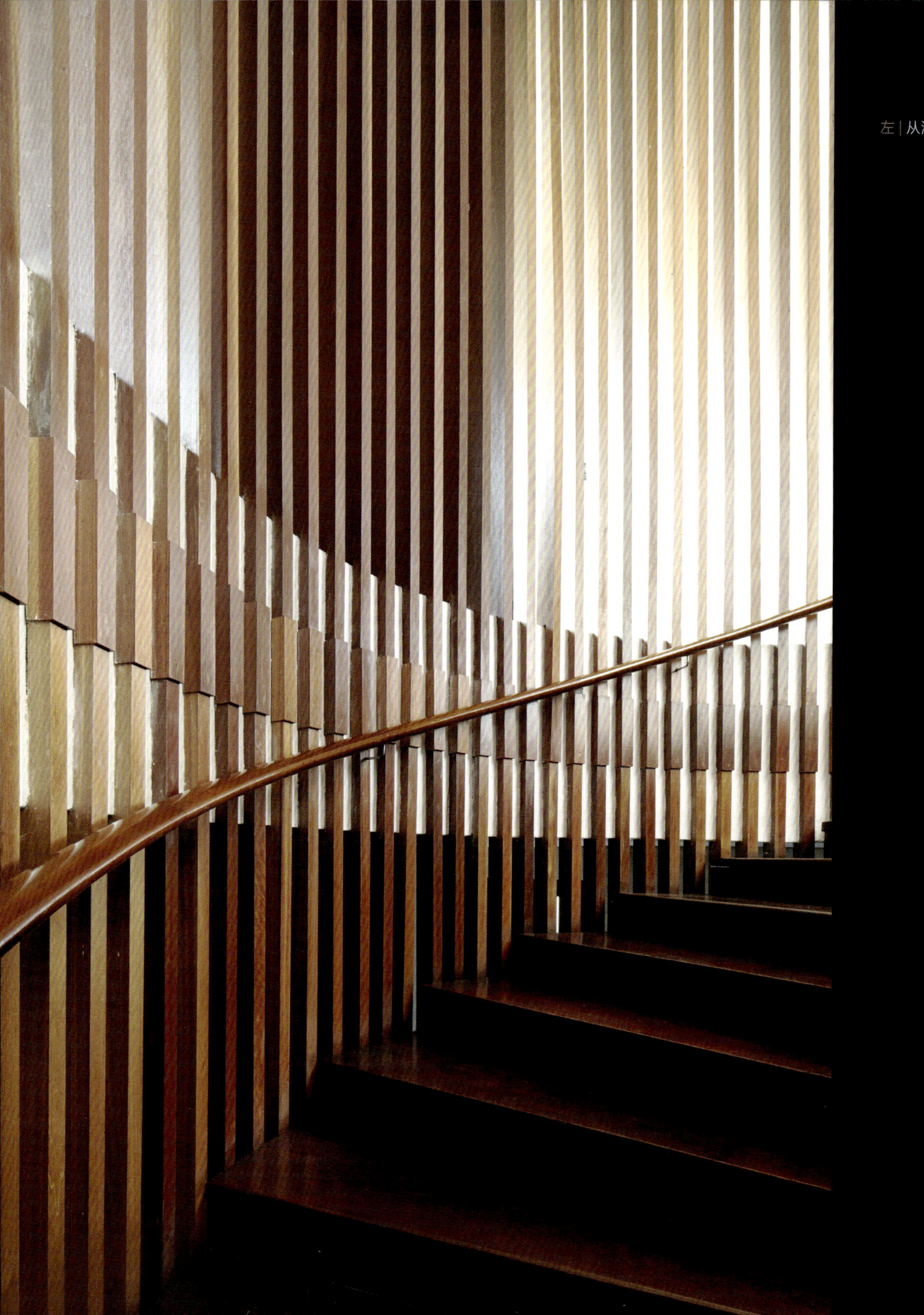

左 | 从温泉浴场去往水池和健身房的

右 | 水池和健身房通往温泉浴场的楼梯间轻轻环绕铰接在木质幕墙上，远望空间若隐若现

上 | 夜晚的泳池

右 | 泳池边的户外用餐区

下一页 | 夜晚在市区度假村的一次私人招待会上，远处的会所中正演奏着乐曲，
俯瞰下方天光渐暗的城市

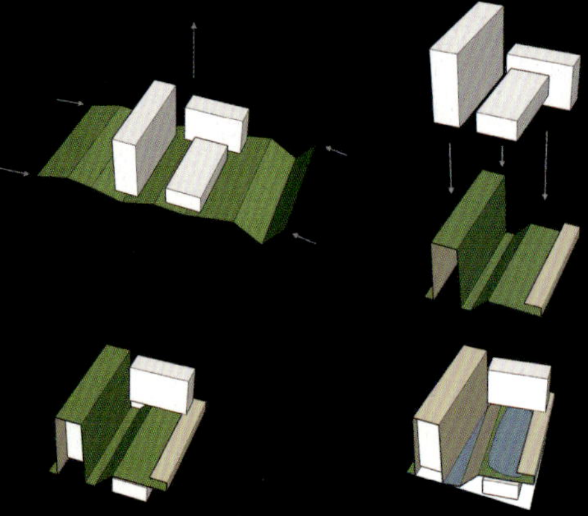

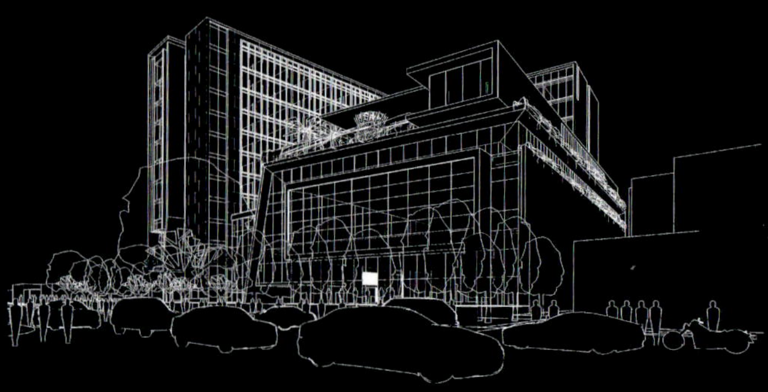

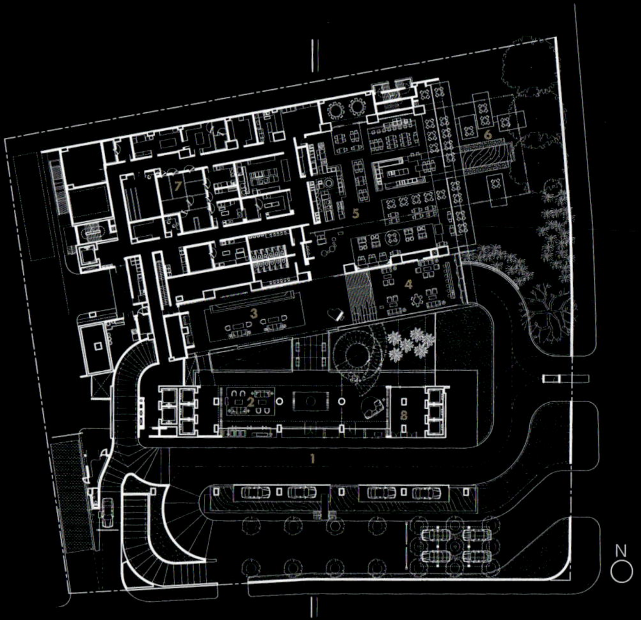

底层平面图

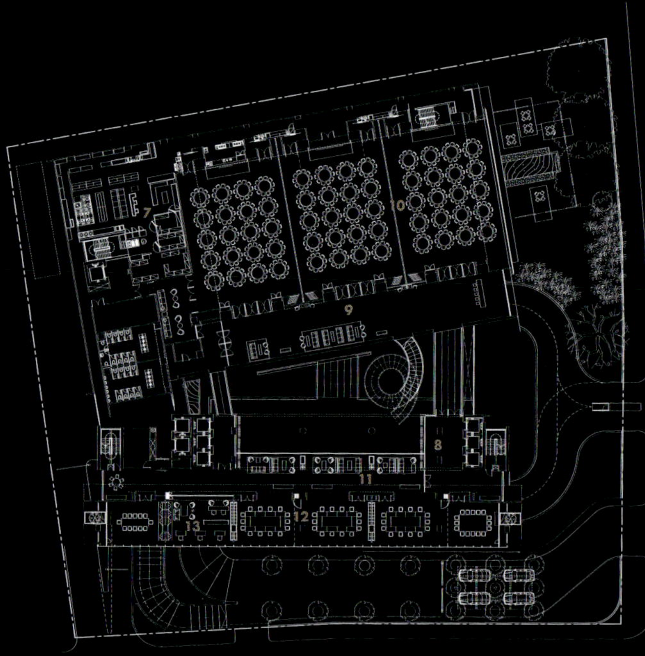

三层平面图

1 车辆通道 | 2 大堂 | 3 接待处 | 4 酒吧休息室 | 5 全日餐厅 | 6 花园露台 | 7 厨房 | 8 舞厅电梯间

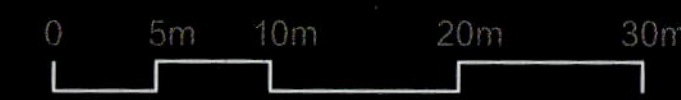

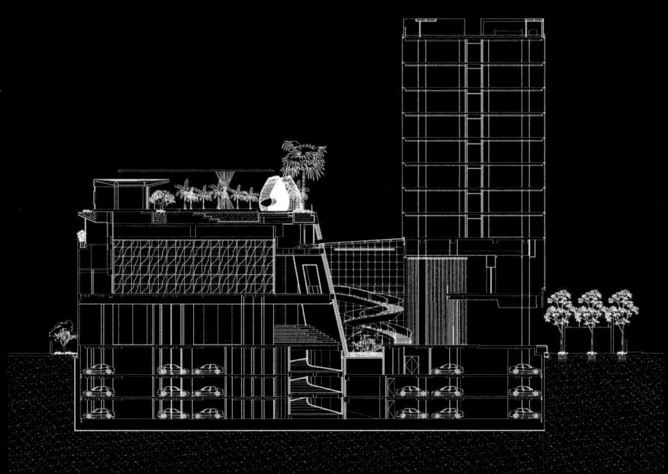
局部剖面图

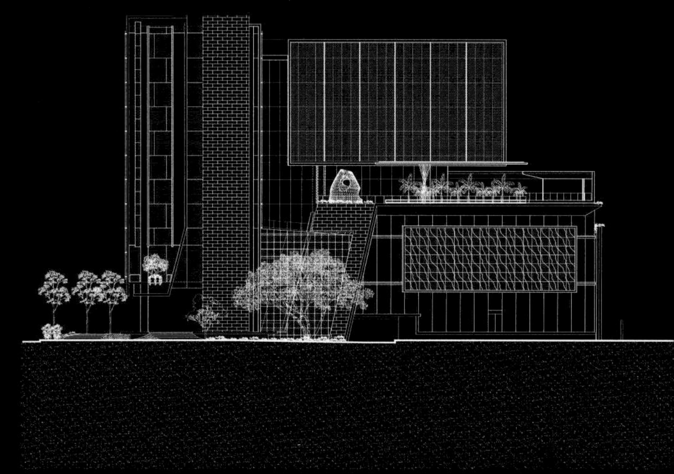
东立面剖面图

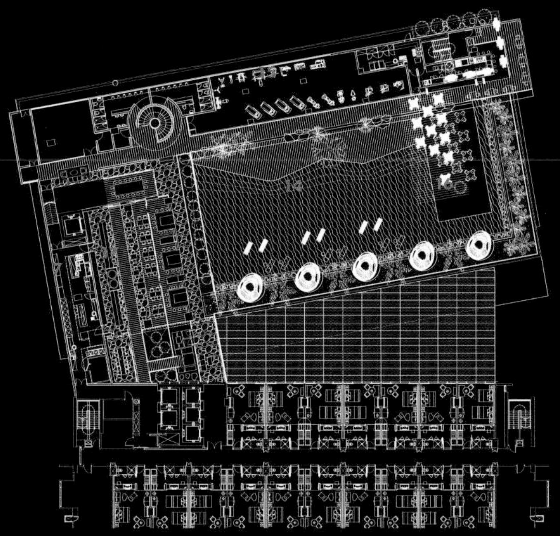
六层平面图

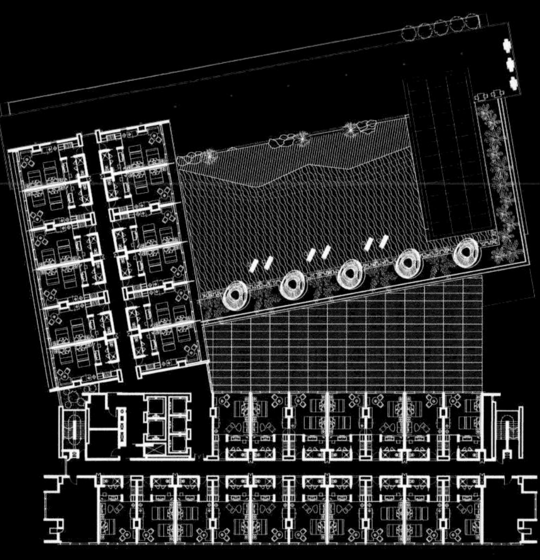
标准层平面图

9 前厅 | 10舞厅 | 11 休息室 | 12 会议室 | 13 商务中心 | 14 泳池 | 15 健身房 | 16 活动空间 | 17 餐厅

Vivanta by Taj Gurgaon
古尔冈泰姬维万塔酒店

古尔冈，印度 | 25,000平方米 | 2011年

“在我们开展实践的国家中，客户总期望从发达的经济体中获取灵感，当他们雇佣像WOW这样的建筑事务所时，他们是想要获得比其自身标准更高的特殊价值和提升。然而，我们本身只是一个成功的发展中国家的公司，起点甚微。根据我的经验，拥有更先进的技术和更高昂的费用并不等同于能拥有更优秀的产品。相反，适当的技术，以及对适宜的过程中质量的重视，加上敏感的设计和精美的细节往往才是伟大建筑作品的重要组成部分。因此，在我游历以及工作过的许多地方中，我一直在寻找恰当的解决方案，以激励和推动我向前迈进。”

黄超文

由于与国家首都新德里的距离相近，且交通便利，拥有发展经济的便利条件，古尔冈市已经迅速发展成为一个成功的 IT 中心，并成为许多跨国公司的基地。然而，就像对许多发展中国家的描述一样这种快速的经济增长和与之相伴的城市化发展创造了一个充满激烈矛盾的世界，在这里，早期的现代建筑与贫困的生活、基础设施的匮乏以及恶劣的物质环境并存。这座商务酒店设计上所面临的挑战是通过借鉴对传统空间体验的集体记忆，进而创造一种建筑语言，以消除该地区的环境矛盾，从而与印度文化产生共鸣。

为了应对其混乱的环境，事务所的设计通过物质空间建造向优雅环境营造过渡，并通过分层的过程重新塑形。建筑立面的实体语言是这种层叠概念的直接表现，其表面上具有花岗岩、铝和玻璃的分层带。其简洁明快的表达是为了直接与严酷的物理环境相对抗。类似地，内部空间也进行了分层设计，以遮蔽和隔离客人。事务所将印度宫殿建筑的概念现代化，并融入酒店的空间序列，使设计具有深厚的背景和历史根源。印度宏伟的空间感、轴对称性和仪式观念等特色被引入到设计中，通过空间序列的体现，使客人通过大厅、花园和庭院时，能够通过精心设计的视轴和视角获取视觉体验。

酒店的正式入口始于落客区，该区域两旁有花岗岩水景元素，与对面三层通高的入口大厅高耸垂直的玻璃支撑物相呼应。事务所对印度建筑传统轴向规划做了现代化的重新设计，轴线被入口所取代，入口故意偏移到大厅空间正面的右侧，而大厅空间是对称的。宏伟的大堂是一个洁净明亮的整体空间地板和房间左右两侧的墙壁以大量雪花白大理石板进行装饰。地板、墙壁和天花板形成了一个巨大的入口，通过无框透明玻璃墙可以俯瞰中央庭院花园。花园中有盆栽赤素馨花树，并用灰色花岗岩的沟槽图案呈现水景。穿过庭院，空间从公共场所逐渐向私密区域过渡，大厅在视线上与第二层的全日餐厅相连。在另一条特意设计的转移轴线上，沿着入口玻璃走廊，客人可体验水景和各种酒店设施。沿着层层推进的室内和室外空间的分层顺序，可到达开放式泳池露天平台，此平台横跨酒店

左 | 通向酒店的主路，以一系
的幕墙和平面展示建筑体量

平面采用当代印度风格

上 | 建筑坐落在城市扩张过程中环境快速变化的城乡结合部

右 | 立面由一系列从前到后分层的面构成，室内空间和庭院相互串联

左 | 门廊的镜面顶棚映衬着宏伟的酒店大堂

下一页 | 大堂接待大厅有高高的屏幕，将立面设计带入室内空间

上 | 大堂及接待区为大体量空间，可见建筑物的多层次空间

右 | 水疗中心和餐厅夹层间的玻璃连接桥

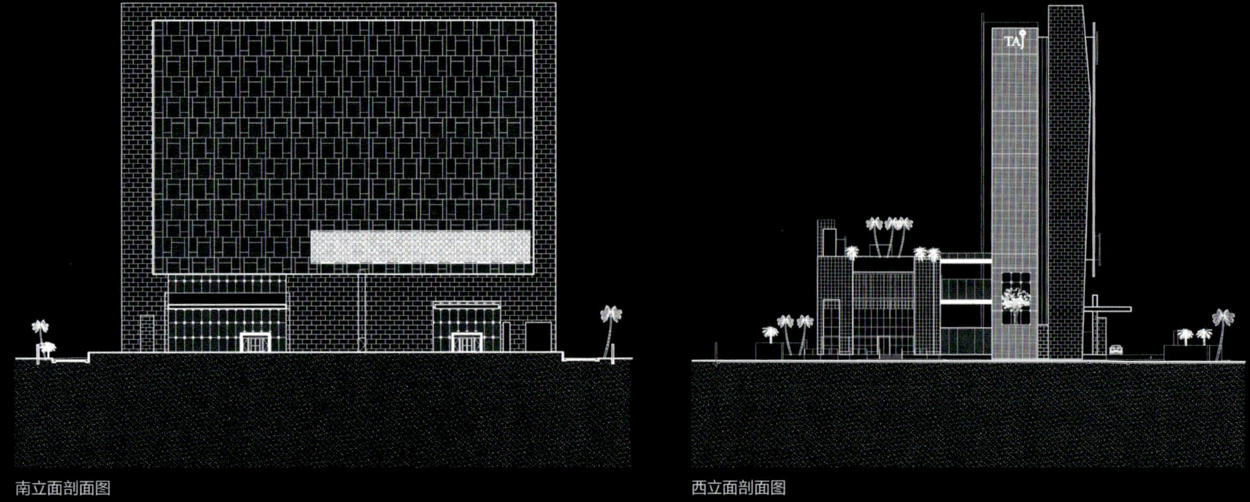

南立面剖面图

西立面剖面图

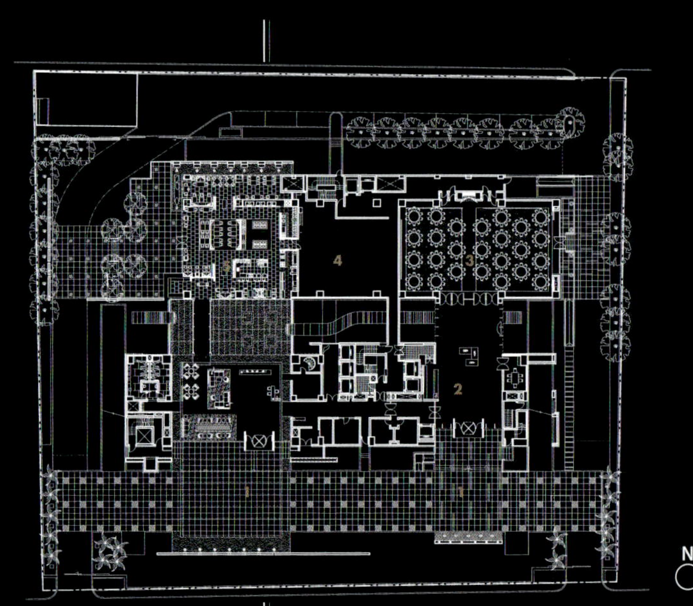

底层平面图

1 车辆通道 | 2 前厅 | 3 舞厅 | 4 厨房 | 5 全日餐厅 | 6 电梯间

0 10m 20m 50m

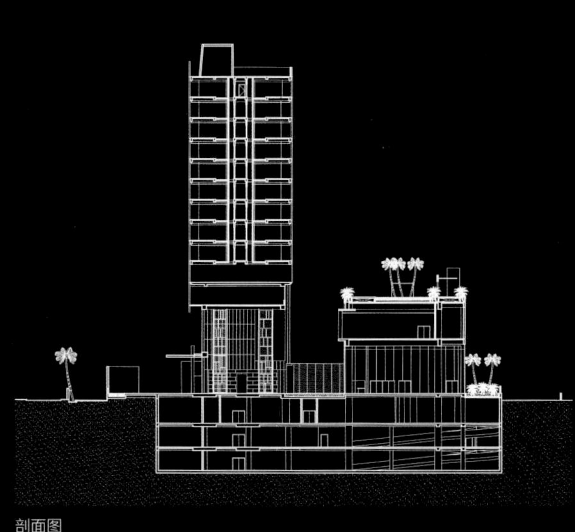

剖面图

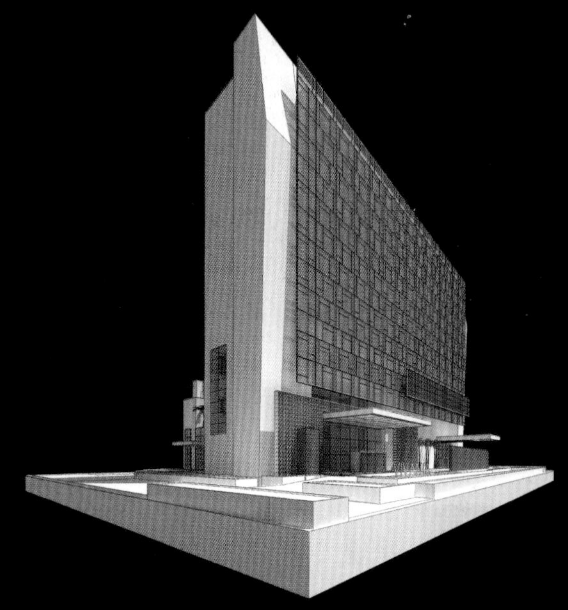

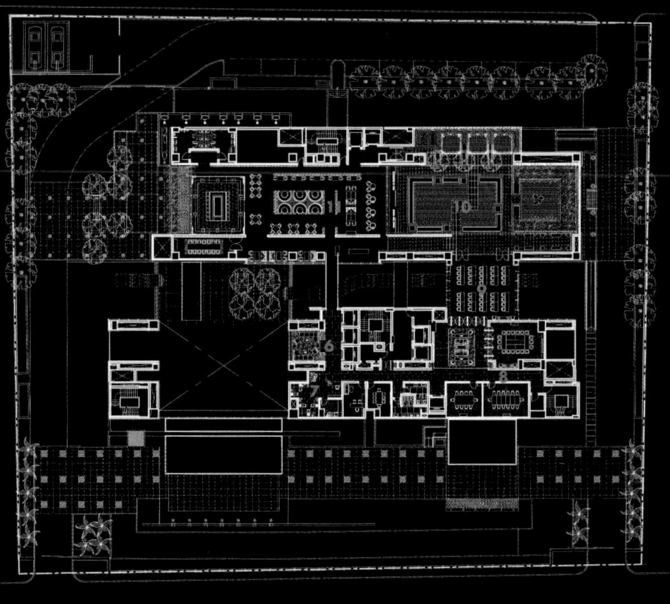

二层平面图

标准层平面图

7 商务中心 | 8 会议室 | 9 会议厅 | 10 花园 | 11 饭店

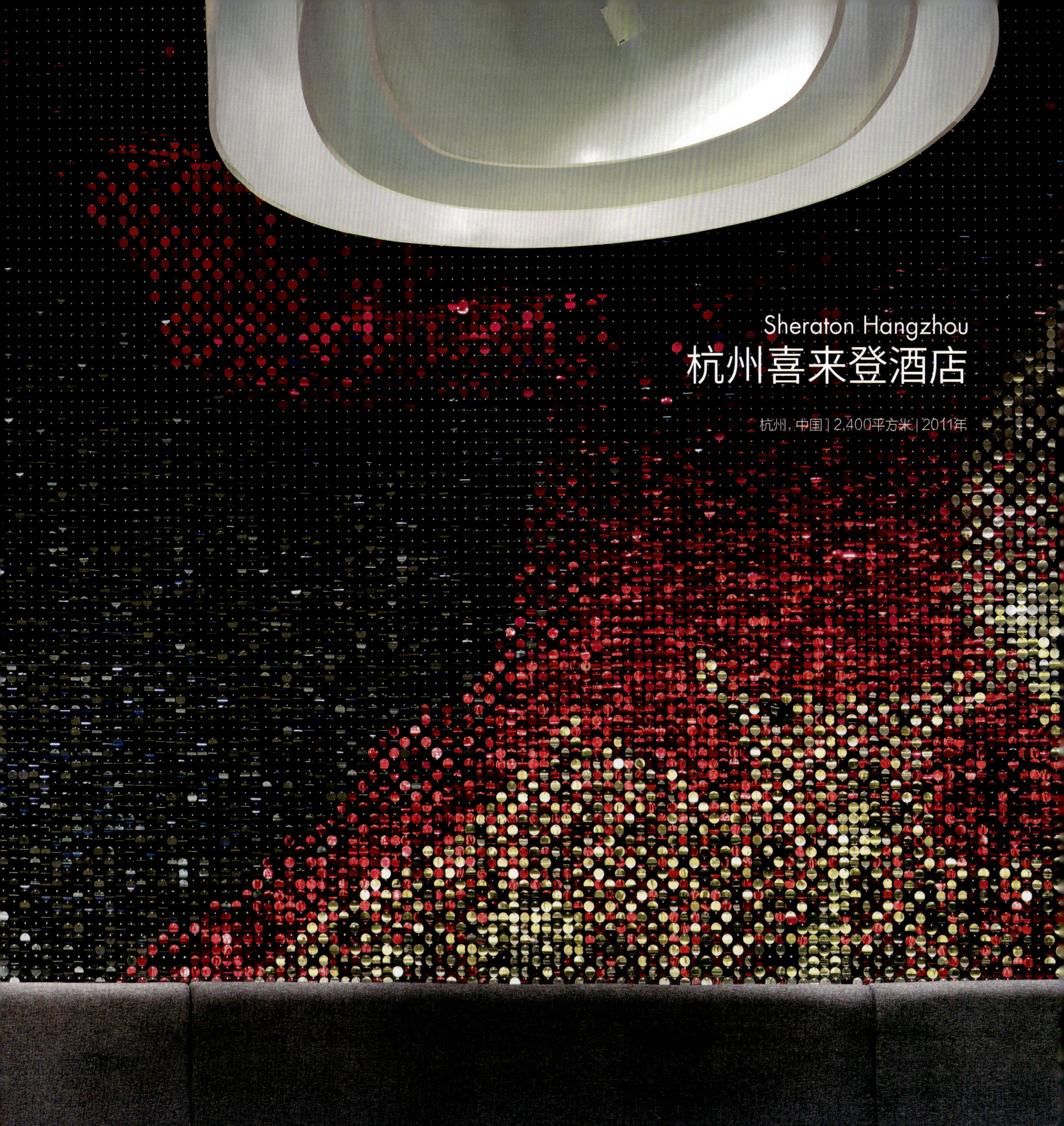

Sheraton Hangzhou
杭州喜来登酒店

杭州，中国 | 2,400平方米 | 2011年

“我一直觉得需要在我的工作中唤起颇具意义且富有挑战性的情绪和感觉。我喜欢让人们感觉到空间和物质的丰富程度，但同时也让他们知道，这种结果源自于智力和理性的连贯思维。”

黄超文

马可·波罗在 13 世纪的著名描述中称杭州是“世界上最美丽、最壮观的城市”，直到今天，杭州这座位于中国东部浙江省的城市，仍因其神秘与美丽而广受赞誉。这家杭州喜来登酒店的中国业主希望通过提升其在这座迷人城市的魅力定位，并给予其引人注目的内饰，令每间客房都具有独特的个性和空间体验，来突破酒店运营商的标准设计任务书。酒店有三间餐厅，分别是全日餐厅、中式餐厅和法式特色餐厅，旨在将客人带入一个令人回味的世界。在这里，用餐体验与享用佳肴的特定时间、地点所造就的氛围和情绪相匹配。

通过对中国五行元素金、木、水、火、土的解读，全日餐厅在概念上与中国文化相关联。五大元素构成了道家哲学的基础，在此被融入建筑元素中。金属亮片组成的墙板代表“金”。闪闪发光的马赛克形成有机图案，模拟金属物质在光照下的反射和波纹效果。地板上的天然棕色和灰色的瓷砖代表“土”，而房间的侧墙则由“木”条制成的屏风构成。一系列波状面板悬挂在天花板上，如“水”一般荡漾，蜿蜒曲折地引导客人穿过餐馆。

中式餐厅的设计灵感来自杭州西湖雨后的迷人景色，小雨过后的场景无疑是这座魅力城市最浪漫的场景之一。主餐区中，泪珠状吊坠模仿雨滴，手绘香槟色的丝绸在墙面描绘了水下场景和西湖美景，使游客有置身水世界的感觉。地毯上由浅灰色色调的鹅卵石组成的图案象征西湖的底部，在它们周围有同心环，有观赏水面涟漪之感，这些圆环进一步与天花板的凹槽相呼应，上下起伏。

法式特色餐厅为客人提供优雅而独特的体验，仿佛通过红磨坊景象和氛围将客人带到法国的美好年代。这里有三处不同的美食餐厅，分别是葡萄酒吧、牡蛎酒吧和正式餐厅。随着客人走向餐厅深处，巴黎滑稽表演的主题以其趣味的意象使餐厅的正式感逐渐减弱，如墙壁浮雕上柔美的紧身内衣，以及飘动的半透明窗帘织物都使人联想到在夜晚飘舞的女式裙摆。

上一页 | 全日餐厅被界定为五大元素：天花板象征水，地板对应土，墙对应金、火、木

本页 | 防火墙由气流波动状的金属亮片构成

本页 | 金属墙由多面水晶瓷砖构成，反映了周围的光环境

下一页 | 采悦轩中式餐厅的空间被赋予杭州西湖中鱼的视角

本页 | 餐厅墙壁上的金鱼图案

下一页 | 进入贵宾餐厅要穿越雨滴走廊

左 | 酒吧选用石灰华进行设计
的旅行者提供座位

上 | 缎光处理的入口处，水晶烛台吊灯悬在暗色的池子上方

下一页 | 法式特色餐厅的缎光设计妩媚性感，墙壁仿佛舞者的束身衣

Intercontinental Asiana Saigon
亚洲西贡洲际酒店

胡志明市, 越南 | 1, 050平方米 | 2010年

“每个项目的成功标志都是多元化的，如同客户及其个人或商业愿景一般。很难以共同的元素、细节或风格特征概括它们，但是对用户需求的感同身受却是我们一致追求不变的。与当地持久而深刻的联系感和意义深远而难忘的品质，使空间受人喜爱，用户会因非凡的感官体验心生敬畏和愉悦之感。”

玛利亚·华纳·黄

为了营造正宗的越式中餐体验，亚洲西贡洲际酒店的餐厅和酒廊在设计中借鉴了越南城市空间的典型元素，比如说小尺度的小巷、道观和中式餐馆。通过运用空间、灯光和材料特性，以及在那些环境中特有的元素，如本地生产的屏风、家具和艺术品等，事务所对这些空间的风格进行重新打造，并将其整合到设计中，作为餐厅和酒吧或酒廊体验的一部分。事务所用现代手法诠释，以传统方法制造和完成的新“越南-法国”装饰艺术风格和元素，唤起了人们对独特的越南城市空间的记忆，以歌颂这个新兴国家快速发展的设计文化。餐厅由四个主要空间组成，包括入口门厅、风味小巷、主餐厅和包厢，按此序列，客人能够体验一次老西贡的魅力怀旧之旅，并体验其丰富的美食文化。

入口大厅带来了街道后巷的氛围，因为这里有令人熟悉的道观广场，以中国牡丹为主题的中越丝绸屏风由传统手法编织而成，对用餐区进行了局部遮蔽。用餐空间之外是一条小巷，它能够唤起人们对传统美食街的记忆。风味小巷位于长长的石墙背景下，每块石头都经手工雕刻而成，其上有越南蛋糕模具的形状。黏土砖铺设在入口大厅和小巷的公共走道上，让人更有置身老西贡后街的感觉。

在风味小巷的尽头，餐厅空间正对主餐厅，主餐厅设计深受法国文化的影响，包厢则引用了法国人迷恋的东方色彩，这是越南文化的特点，与其他亚洲国家文化有所不同。与小巷质朴的风格相比，这里优雅而华丽，公共走道地板由黏土砖变成石灰石材料，天花板和窗边直立的格栅框架装饰随处可见，与灯饰和椅子相协调。通过使用传统家具制造方法生产的现代家具和漆器，例如用越南漆器制作手法抛光的法国地方式样的椅子，把构成当今越南文化的不同影响融合在一起，表达出了法式及中越美学。装饰艺术和受中式风格影响的拥有欧式古风抛光表面的家具去除了精细的雕刻，以现代的方式捕捉到了这些传统元素的精髓。

从主餐厅返回，旋转门从中式餐厅的入口大厅向外打开，以引导客人进入紫玉高级酒吧享用餐后饮品。深紫红色的天鹅绒覆盖墙板，再加上烟熏的黑色镜子和金属面板，烘托出了浓厚的异国情调。精美的中式刺绣灯具和服务员的刺绣服装，给人怀旧的感觉，仿佛延缓了时间的流逝。酒吧设中央舞台和黑色镜面天花板，使客人可以与歌声动听的爵士歌手保持视线的交流。这里摆放了与餐厅类似的黑色亮漆屏风，遮挡住了放置榻床的私密空间，情侣和小团体可以娱乐享受娱乐活动，不受干扰。

下一页 | 荷叶刺绣屏风和主就餐区安排在中国餐馆的用餐大厅，两侧是由铁和砖建造的展示厨房

左 | 休息室的色调灵感来源于罂粟花等植物

右 | 每个私人休息区都被包围在黑色雕花屏风之中，可见升起的酒吧舞台

上 | 传统调料罐沿着展示厨房存放，为公共餐桌创造了摆放空间

左 | 铁制装饰的厨房向下折叠的陈列架上摆放着蓝白花纹相间的陶器

上 | 打开旋转门，可容纳 16 位客人的私人包厢可成为用餐大厅的扩展部分

右 | 设有旋转门的私人包厢向用餐大厅开放

Vivanta By Taj Yeshwantpur
泰姬维万塔椰丝湾特普酒店

班加罗尔，印度 | 329间客房 | 2012年

“有些文化深深扎根于工艺和传统中，如印度尼西亚和印度文化。我们对地方的技术和工艺保持着高度敏感。我们花时间研究、走访和考察制造商和工匠们，以努力寻求新的工艺和建筑方法。我们身处诸以工艺为中心的文化核心，在这里我们有机会与工匠大师们合作并向他们学习，这真的是一种荣幸。”

玛利亚 · 华纳 · 黄

这家商务和休闲酒店位于印度班加罗尔的外环路上，事务所要将其设计为一个独特的目的地，主要针对商务会议客户。通过对现有建筑空间和室内设计的重新规划，酒店为客户提供了各种感官体验。事务所利用不同的气氛、主题、质感、材料和传统工艺品，使体验各不相同，以唤醒深深根植于传统但又面对现代世界的人们的回忆、欲望和雄心。

入口大厅是一个宽敞而清凉的空间，使用浅色的大理石地板、雕塑般的宽大楼梯和悬挂在两层楼高的天花板上的几何形水晶吊灯，它以现代的正统礼节欢迎宾客的到来。除此之外，三间餐厅的设计各具独特的主题，客人们可随意选择与室内设计完美搭配的独特用餐空间。

帕莱特（Palette）全日餐厅以印度指甲花人体彩绘的习俗演绎而成的制模过程为主题。餐厅天花板上有机弯曲的灯饰仿佛漂浮在空间中，加之金属墙板上绘画的笔触图案，均与主题相呼应。帕兰达（Paranda）特色餐厅采用地道的印度风格，结合明亮的色彩和活泼的纹理，唤起人们在印度市集漫步的记忆。餐厅的色调源自印度香料中的红色、橙色和温暖的红棕色，并将天然砖块、石材和香料本身用在设计中，空间能够让人感受到浓浓的印度美食味道和香薰气味。帕兰达餐厅的每个用餐区都以开放式厨房为核心，厨房里的筒状泥炉、烤架和食物准备区，都彰显出厨房的存在感和空间氛围。阿斯诺（Azure）地中海餐厅与帕兰达餐厅的浓烈氛围形成鲜明对比，这里的设计采用现代主题，营造出轻松而凉爽的蓝色空间，利用图案、色彩和家具设计，渲染出地中海的氛围。

与餐饮和宴会空间的活力情境有所不同，吉瓦水疗中心（Jiva SPA）采用浅色和极简化颜料，整体氛围则更舒缓、更轻松。事务所在水疗中心的设计中植入一场旅程，让客户置身于一系列富有情调和艺术氛围的空间中，最终达到整体身心的平静和愉悦。将柔软的镶边、精选的材料、细部设计和照明设计融入概念性的印度元素和图案，以唤起强烈的地域性。LED 灯描绘出水疗中心墙上的印度抽象图案，拥有着独特的视觉节奏，设计与凉爽的印度花园概念相结合，让人感觉空间逐渐沉淀，时间也变得缓慢。

酒店客房的设计灵感也源自印度花园，利用石膏浮雕勾勒出树的形态，作为独具特色的床头墙壁，树木在印度戏剧文化中颇为常见。背光式幕墙和整体明亮、开放的花园式空间，强化了客房的设计主题。在每种类型客房中都有花园天堂般的体验，在客房中，睡眠、沐浴、工作和娱乐各得其所。

上 | 从平台层的泳池边看整个酒店

右 | 接待处和入口大堂前部休息区

上 | 帕莱特全日餐厅

右 | 整体采用内设光源，天花板设计的灵感来自于指甲花的图案

上 | 帕兰达餐厅材料和设计元素的设计灵感来自于印度西北部旁遮普的乡村风情

下一页 | 通往阿斯诺地中海餐厅的入口

本页 | 阿斯诺地中海餐厅的包厢

下两页 | 阿斯诺地中海餐厅的瓷砖马赛克墙和四周用玻璃围住的厨房

左 | 营造洞穴体验的理疗室
右上 | 吉瓦水疗中心接待区
右下 | 吉瓦水疗中心入口采用模拟水波涟漪微微荡开的材质和图案

Archifest Zero Waste Pavilion

零废物排放馆

新加坡 | 270平方米 | 2012年

作为 2012 年新加坡建筑节的获奖作品，零废物排放馆体现了建筑节的核心主题——“反思新加坡”，该项目受新加坡建筑师学会委托，以庆祝年度建筑论坛的举办。建筑论坛的使命是倡导社区参与，提高对城市建筑和空间的关注，并使非专业人士、专业人士、学生和其他爱好者体验年度主题“反思建筑”。事务所通过崭新的方式重新使用材料，打造出功能强大和赏心悦目的零废物排放展馆，利用智慧而优雅的解决方案，管理这个内陆城市的资源，展馆吸引并启发了众多参与者和参观者。

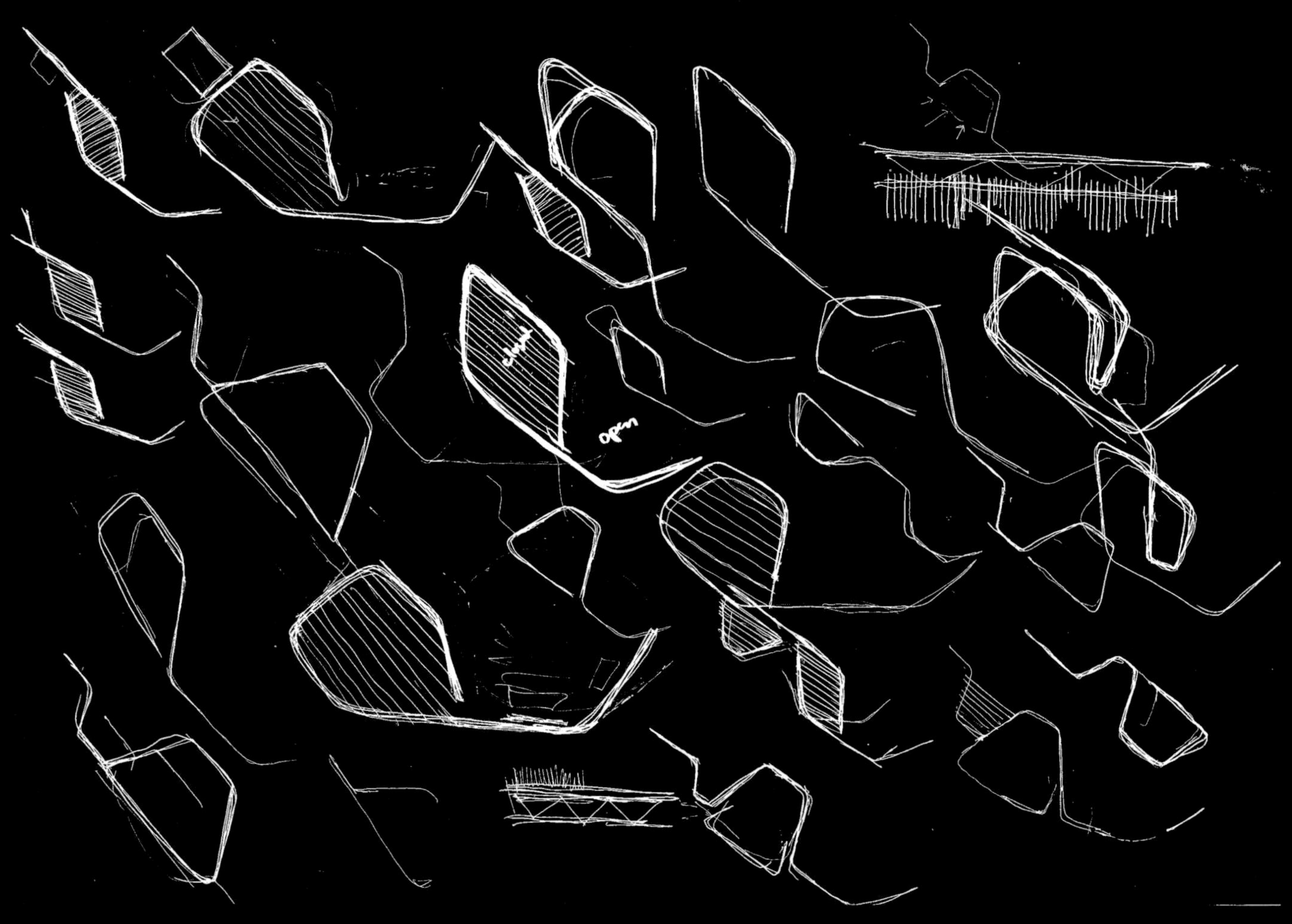

“建筑崇尚标志性和永恒性，但是展馆则相反：它供临时的庆祝活动使用，是短暂的，它的存在方式在于可回收、再利用并重新进入其他资源生命周期，体现其循环能力。”

詹姆斯·谭（James Tan）

展馆空间的设计宗旨是既要对参与者产生最大的影响，同时又要对基地和整体环境的影响降至最低。事务所的目标是使用“零废物排放”的施工方法，并将其视为整体过程的指导原则，包括细节设计、制造、现场安装、拆卸和后续展馆建造材料处理。其中一种可循环利用的资源是建造主体结构的箱式桁架，建筑论坛结束后，将其退还给承包商。事务所使用的另一种可回收材料是护坡网，它是通常用于防止水土流失的网格控制系统，但在这里是用于构建波形墙壁。

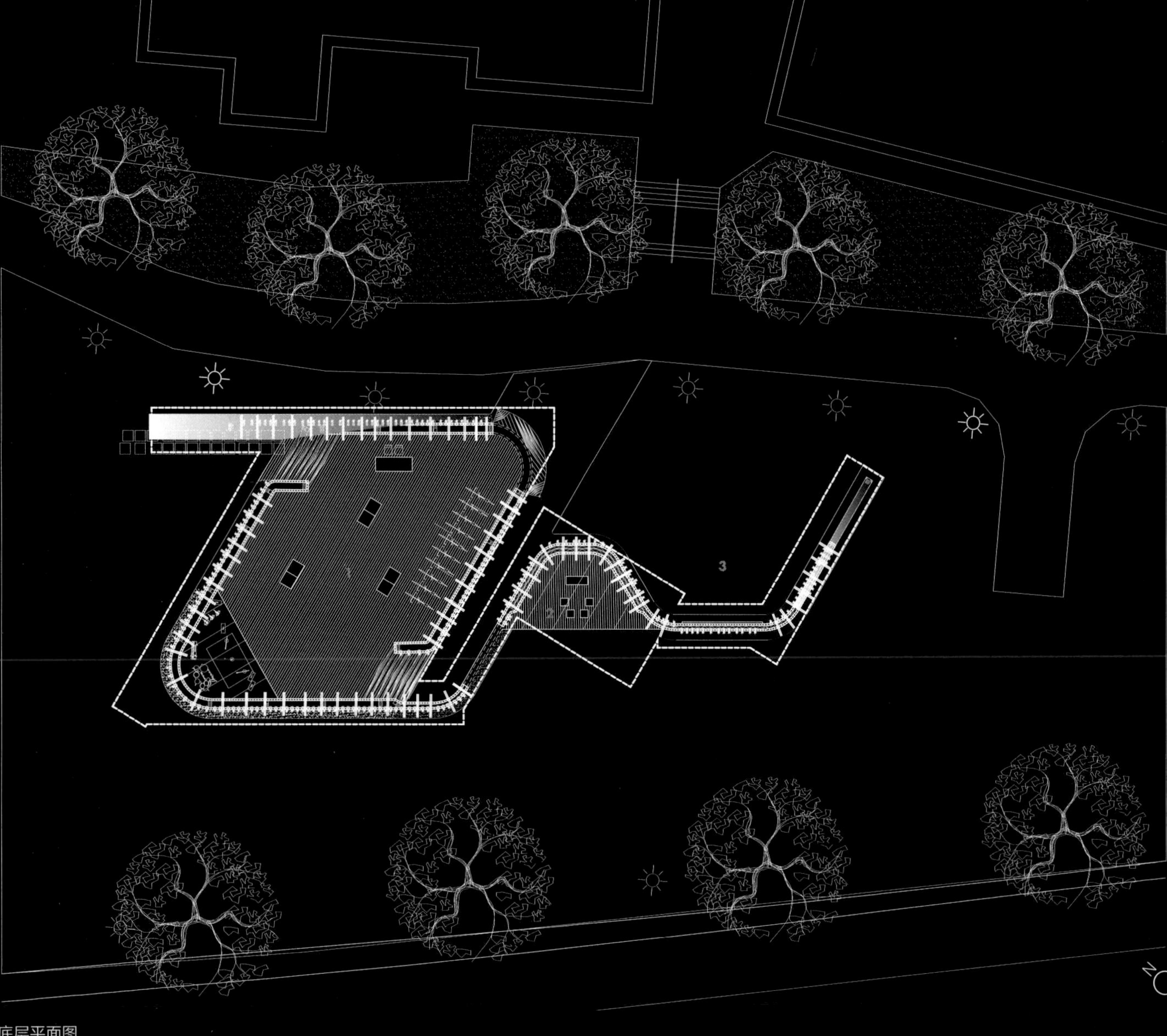

底层平面图

展馆位于新加坡历史街区的中心区附近，并间接反映出基地固有的二元属性。在展馆的一侧是福康宁（Fort Canning），这里曾被称为“禁山”，具有其安静、恬适且近乎神秘的特点。另一侧是克拉克码头（Clarke Quay），随着新加坡河演变而发展，具有历史意义，现在已发展为充满活力而繁华的所在，人群熙来攘往，活动气氛高涨。展馆通过其空间化的外观，缓和了两个领域之间的对立。波状起伏的网状结构也令人感到好奇和惊讶。从某些角度看，网状结构是坚固的，而当沿着它移动时，两个并列的网格会产生“莫尔效应”。当在垂直方向观察时，展馆是完全透明的，并且在视觉上与周围的建筑物和景观完美融合。

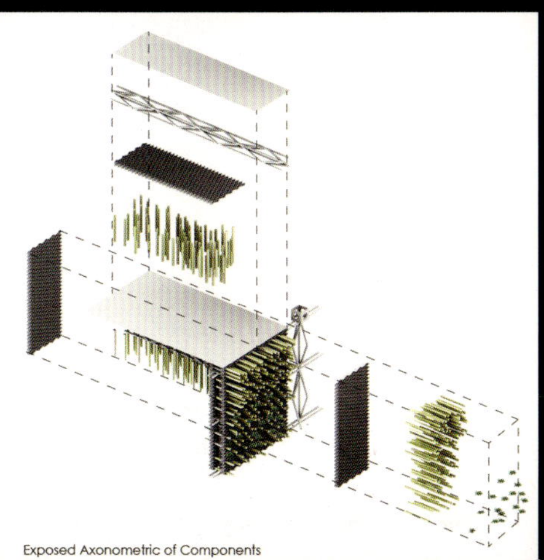

Exposed Axonometric of Components

展馆的设计为建筑节活动创造了一个互动的平台。网状结构被用作垂直表面，投射图案，插入其他组件，吸引公众视线，以促进交流。团队将秸秆垫放在网状结构中，供参观者在参加研讨会或野餐时使用。种植在旧塑料瓶中的蟛蜞菊也被放置其中，以增加绿化和强化纹理。波浪形的“表皮”形成了四个不同的区域：封闭的自然通风空间用于研讨会和讲座；开放式走廊用于小组讨论；半开放式空间适合摆放艺术设施；户外空间适合野餐和播放电影。利用多孔的网状包裹结构两侧，其双层表皮形成微气候，让展馆自然通风，也能够遮阴挡雨。

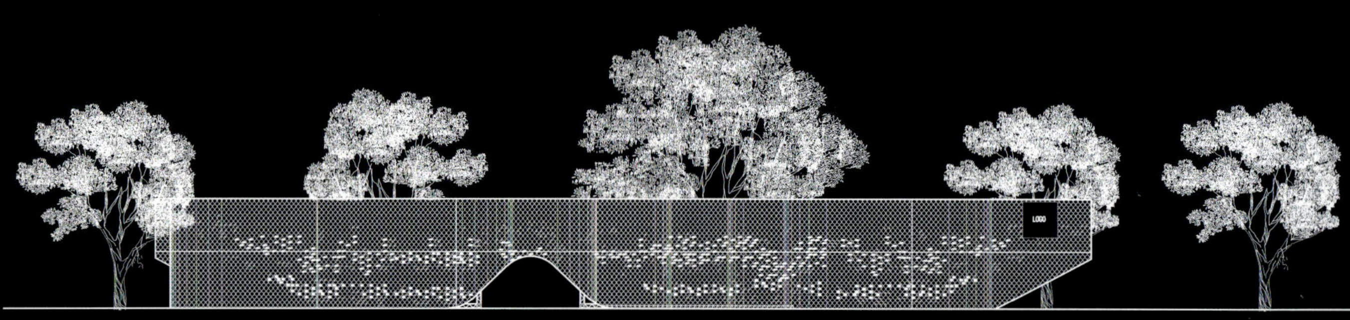

立面图

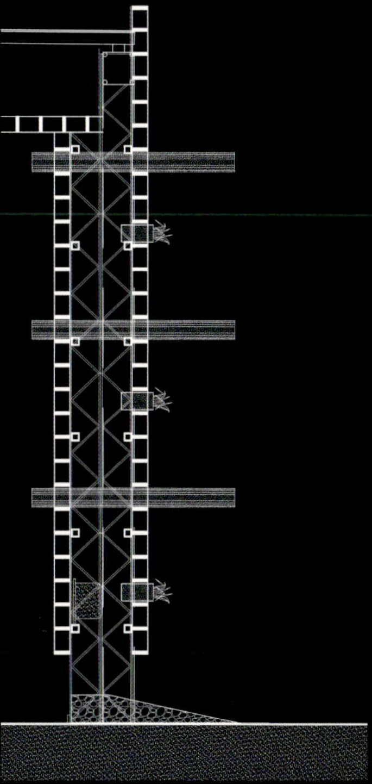

细节部分

Archifest

Archifest '12
www.archifest.sg

Sunset Vale House
日落溪谷住宅

新加坡 | 600平方米 | 2008年

“体验空间，需要感知和感受它的整体：从实际的空间体验到物质实体，以及那些刺激我们感官更微妙的部分，它们以及其存在于我们记忆中的方式，在我们的头脑中形成印象。”

黄超文

该项目位于新加坡中西部一个安静而闲适的社区之中，该独立小区的业主都希望在这个土地稀缺的城市中优化拥挤的生活空间，同时他们也渴望新家园能有花园围绕。为了建造豪华宽敞的小区，使居民感觉与户外环境具有连通性，事务所的设计采用了逆向思维，并未将房屋建设在花园中，而是将花园融入房屋中，将自然绿色的空间压缩在房间内。这一做法受热带地区建筑历史的影响，在那里，花园会被视为小区的组成部分。在提升建筑密度后，房屋会侵占绿地和景观空间，这个项目的设计不仅避免了这一点，还使花园距离业主更近，使业主更容易直接欣赏美景。

花园赋予空间存在的意义，这些空间被设计为一系列水平和垂直的狭缝庭院，用于眺望远处的景观，与房屋周边直接可见的绿化形成对比。由于基地面积相对较小，建筑设计中精心组织了前景和远景视图，营造出宽敞的印象，使房屋看起来比实际面积更大。从外部入口到第一层、第二层、屋顶和地下室，住房的多个楼层都拥有景观化的庭院、泳池和花园。滑动门隐藏在墙板中，使建筑更为开放，在任何时候，业主都能通过通风良好的开放式建筑与大自然亲密接触，每一层都有水声和水景，混凝土和石材的使用也加强了建筑物与大地的联系。盥洗室、主卧室和餐厅是半露天式空间，雨水、阳光和新鲜空气可以自由进入房间，业主能够直接感知到自然，嗅到空气的味道。

材料肌理在房间的体验中起着重要作用，来自热带水果树的榴莲木被用作成型混凝土墙的模板，留下了其微小的颗粒。用大型分裂面的花岗岩板作为墙面材料，全天都有阴影掠过其表面，意趣无穷。设计师使用自然采光作为整个建筑设计的重要元素。精心制作的具有织物特性的铝制纱窗被用作屋顶和墙壁组件，并在严酷的热带太阳光照射下，呈现精致的阴影。日光偶尔通过地板上的狭缝进入空间，照耀在内墙表面上，创造出花园般的空间体验。

左 | 碎石庭院的摩擦声增强了进入更私密领域的感觉

右 | 双层玻璃幕墙立面蚀刻成竹子的图案，用作晚间照明，从而产生私密效果

左 | 所有窗户均采用不锈钢翅片出挑来导流雨水，使其远离玻璃窗，这对于热带气候来说是一个微小但重要的细节

右 | 所有的框架都被设计成构造精美的铝翅片

左 | 赤素馨花树从池塘中央生长出来，创造了分层透视的视线焦点

上 | 一系列的庭院和空洞呈现出房间远景近景的视野对比

左 | 大块切割的花岗岩构成了入口门厅

右 | 底层盥洗室可仰望天空

上 | 前门和起居室之间隔出的空间，使自然光投射出各种纹理，交织成有趣的阴影

右 | 楼梯间被中庭天井毛玻璃墙封闭，该墙也呈现在住宅的外立面上

上 | 室外浴室空间邻接一面半透明挡墙，将室外植物融入室内空间

左 | 主卧室朝向锦鲤池塘，被毗邻住宅的一面混凝土墙局部遮蔽

上 | 带有下沉浴盆的室外浴室和私密花园

右 | 主浴室为半室外空间，加强了住所和周边自然环境的联系

左 | 赤素馨花的阴影映在榴莲木铺贴的混凝土墙上

右 | 建筑由几个体块相连接，并被一系列经过推敲的切口分割

夜间沿街立面的景观

屋顶花园远景

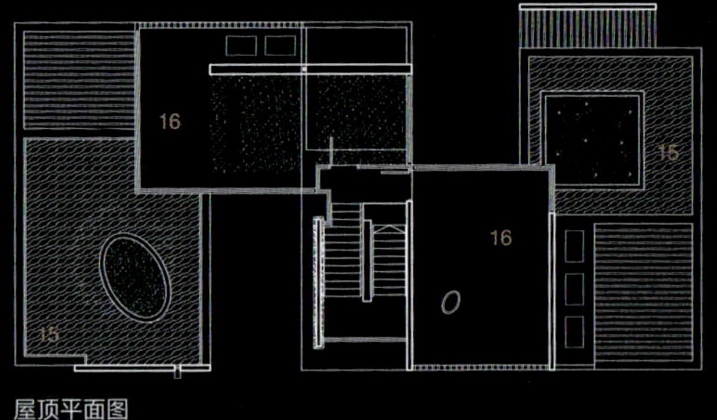

屋顶平面图

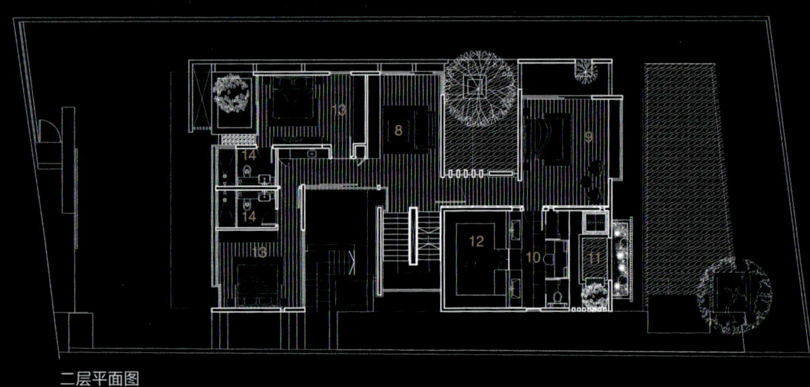

二层平面图

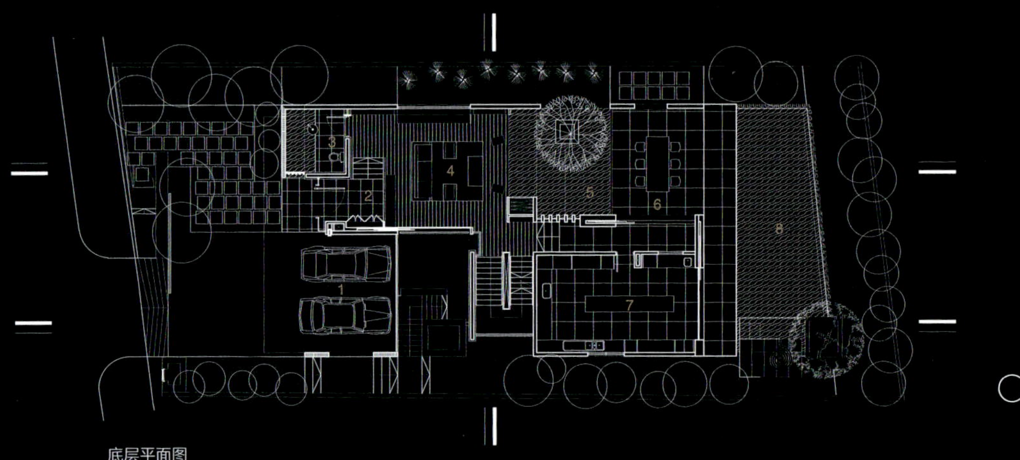

底层平面图

1 车道 | 2 门厅 | 3 化妆室 | 4 起居室 | 5 庭院 | 6 户外用餐区 | 7 厨房 | 8 家庭起居室

0 2m 5m 10m 15m

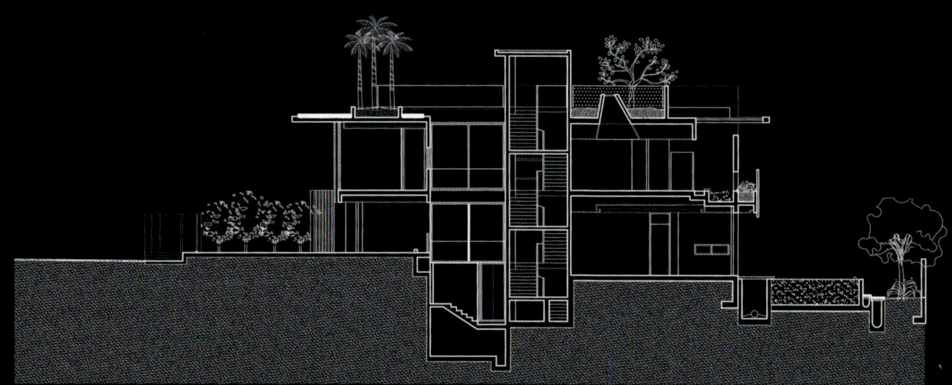
庭院和楼梯纵剖面图

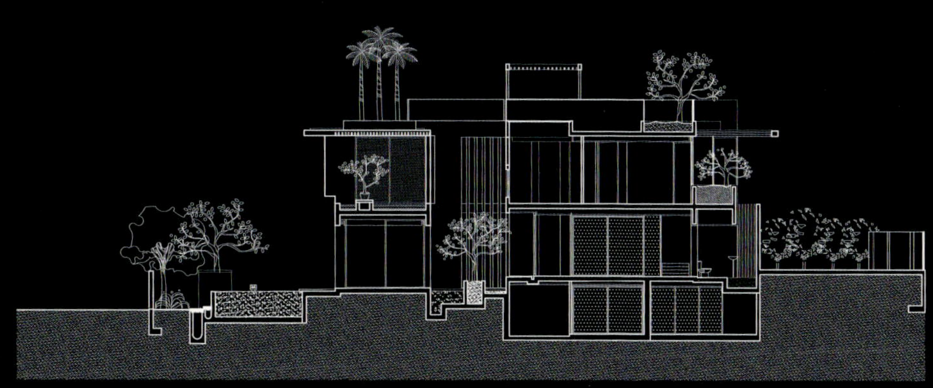
活动区纵剖面图

9 主卧室 | 10 主浴室 | 11 户外浴室 | 12 衣帽间 | 13 卧室 | 14 浴室 | 15 倒映池塘 | 16 屋顶花园

Bishopgate House
主教门住宅

新加坡 | 644平方米 | 2009年

“每个项目伊始，我会在基地散步、触摸、感受，努力让基地告诉我它的基本特征。然后我开始通过平面、剖面、模型和图像记录场地信息，并研究其历史、规划指南和规则。项目始于冥想阶段，却有着明确的目标。”

玛利亚·华纳·黄

这一精心建造的别墅与当地的自然历史及其居民生活方式细节微妙地交织在一起，并与著名的新加坡中心唐林区珍贵的文化遗产和谐共处。整座别墅被成熟的树木包围在未受破坏的次生森林之间，组成建筑物的三个阁楼仿佛是自然中生长出来，成为当地生态环境复杂系统的一部分。

客户希望建造一座可持续性住宅，从中欣赏和使用那一片异常广袤的土地，这片土地曾经是花园重要组成的一部分，建筑物轻巧地坐落在场地之中，设计试图减少新建筑对土地的影响。住房由独立的楼阁式结构组成，轻巧置于现有地形上。结构的楼面板尽可能紧凑，弱化了建筑在广阔景观中的存在感。楼阁沿着斜坡缓缓下降，遵循地貌现状特征，并通过长廊连接，游客可由长廊穿梭游走其中开始观赏之旅或在住宅周边漫步，体验和欣赏连续性的自然景观。优雅而低调的楼阁建筑拥有明亮而宽敞的地面层房间和大型悬挑屋檐，似乎是将室外景观收入室内。大型单坡屋顶由钢柱廊支撑，第一层由巨大的石块堆垒，让住宅与该地区的东南亚建筑遗产相呼应。景观被设计为热带森林，其灵感来自周围的老庄园，崎岖的丘陵和雨林树木有机地生长成高大的庇护伞，建筑就坐落在这个阴凉的花园里。

为了将土地的影响降至最小化，事务所将住宅内部空间设计得尽可能灵活多变，使得业主可以在一系列可转变的房间中开展各种活动。由于大型滑动面板隐藏在滑门的围墙中，房间因此从通过视觉和听觉彼此相通的自然通风的开放式空间，转换为光线柔和而安静的封闭式空间，为住户提供了私密空间，以及可以集中精力思考的地方。穿过这些空间，游客的感官会不断地被通过粗糙木质屏风洒进来的光线所吸引，屏风所用木材是从围绕在庄园周围的篱笆中回收而来，例如巴西玫瑰木墙板的使用使内饰让人倍感温暖。外墙贴有大块粗糙的花岗岩，垂直呈现的图案反映了相邻花园里的树木形态。房间内部和周围的光线使得景观绚丽多彩，天花板表面的巨大帆布反射出来的光线形成了柔和的斑驳阴影，为空间提供了整体柔和的照明。

2D

左 | 从大街上看住宅是被原生树木荫蔽的，树在当地鸟类的粪便滋养下有机生长

右 | 树木环绕下的附属用房倒映在水池中

上 | 水池边上的露台

右 | 打开门，花园就像是客厅的延续

上 | 从门厅看向客厅

右 | 从客厅去往门厅和餐厅的生动远景

右 | 一个现代殖民风格的小屋，走廊和带有书架的书房合成一室提供遮阳和私密性。书房和卧室布置了一连串的滑动板，在夜晚可作为更小面积的遮光版

左｜傍晚的灯光下在花园里散步

右｜客户想要一处可以俯瞰花园的空间。从瑜伽馆透过餐厅和附属建筑可以看见远方的次生雨林

下一页 | 入夜打开房间，傍晚的微风从花园里带来阵阵幽香

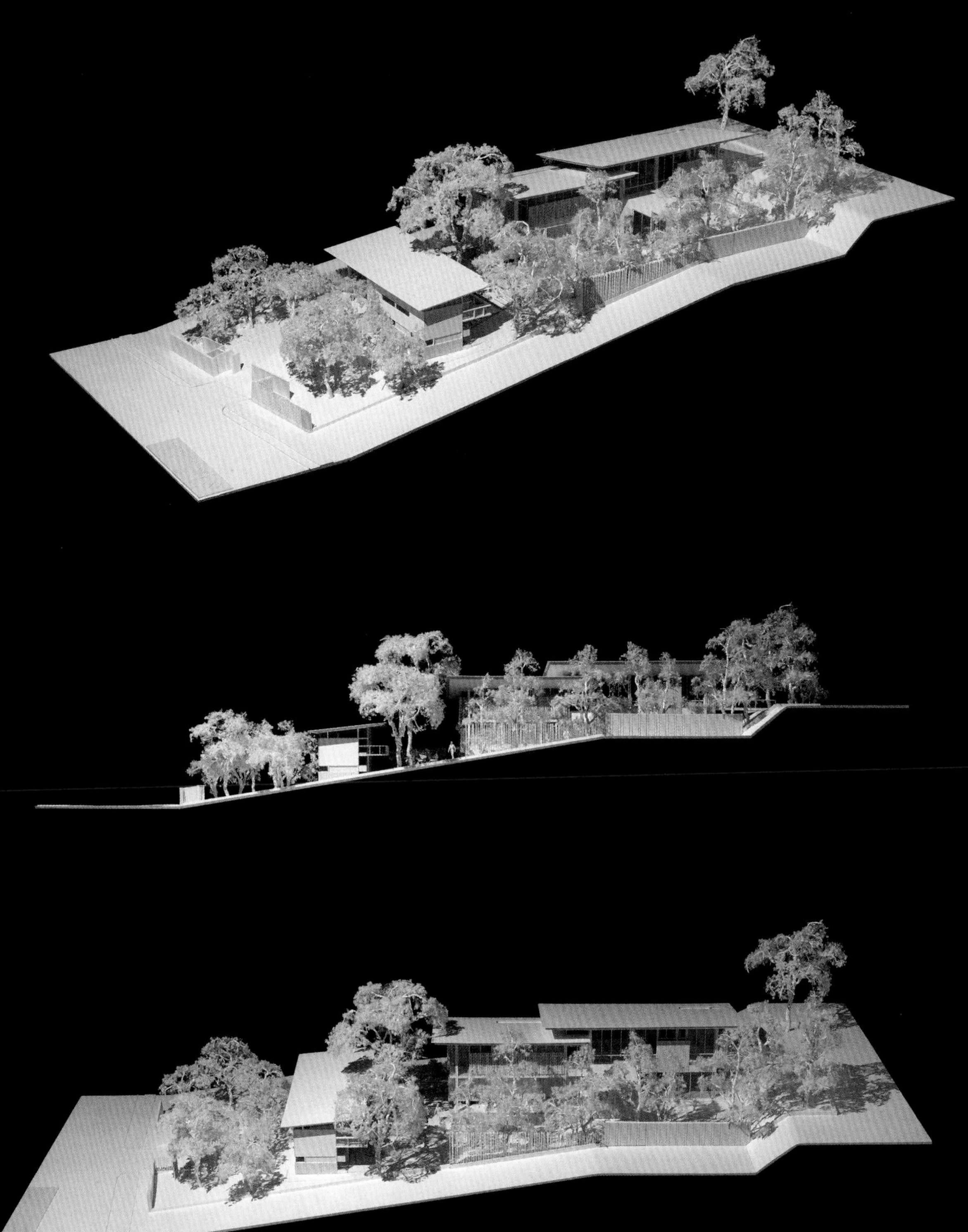

景观效果图

主卧室内景

1 车道 | 2 附属建筑 | 3 泳池露台 | 4 泳池 | 5 门厅 | 6 主楼梯 | 7 盥洗室 | 8 储藏室 | 9 厨房 | 10 杂物间

0 2m 5m 10m 15m

底层平面图

二层平面图

11 洗衣房 | 12 餐厅 | 13 客厅 | 14 天井 | 15 背面 | 16 鱼池 | 17 楼梯平台 | 18 起居室 | 19 屋顶层

东立面图

纵剖面图

20 主卧室 | 21 主浴室 | 22 衣帽间 | 23 书房 | 24 藏书室 | 25 卧室 | 26 浴室 | 27 附属阁楼 | 28 瑜伽馆

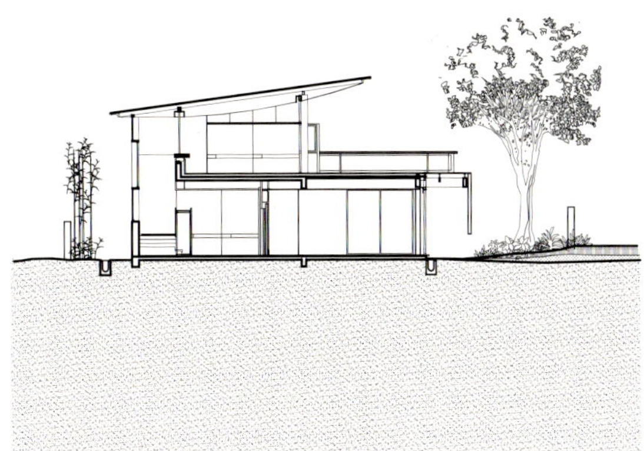

餐饮亭剖面图

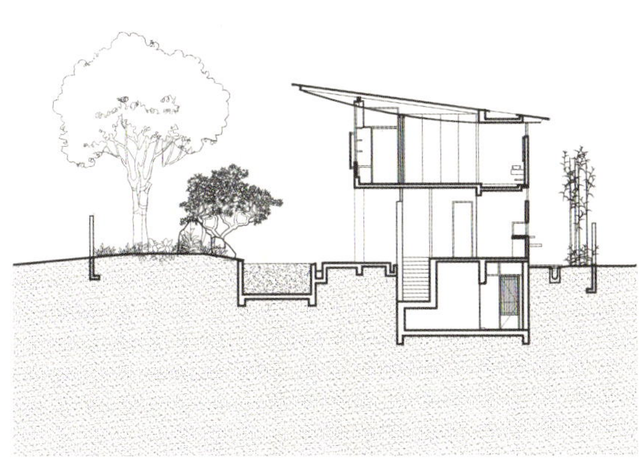

泳池剖面图

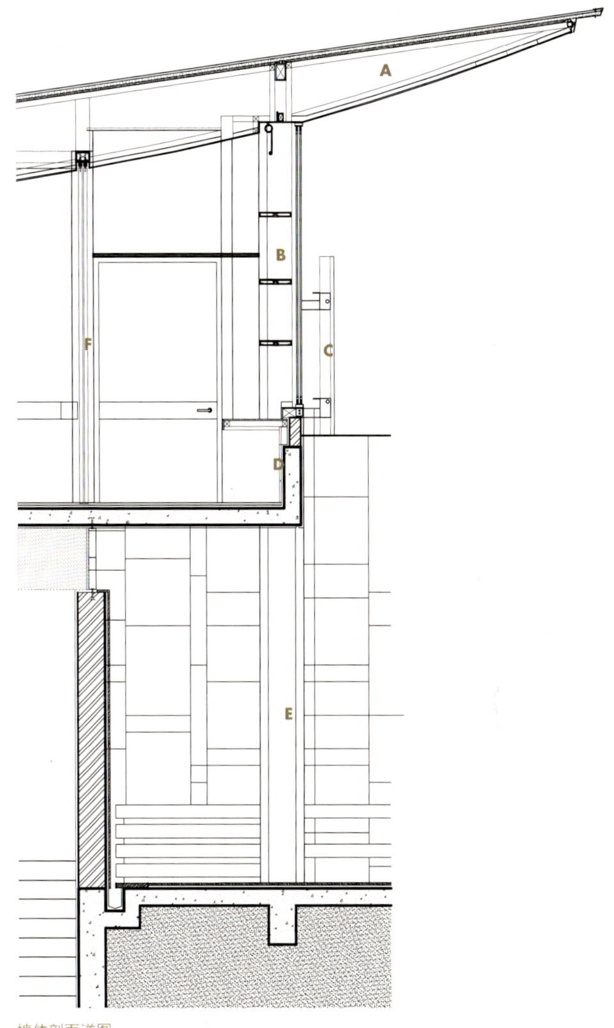

墙体剖面详图

A 屋架 | B 桁架 | C 老式木屏风 | D 承重梁 | E 混合柱 | F 滑动分区

Sentosa Cove House
圣淘沙湾住宅

新加坡 | 614平方米 | 2012年

“每个项目都为我们提供了一个机会，可以了解当地的人群、文化和场所。在我了解项目的客户、未来的居住者或游客之前，我会先了解基地，了解它的历史和发展，包括很多方面，比如地理、地形和社会、经济和人力资源等环境因素。”

玛利亚 · 华纳 · 黄

项目基地壮阔美丽，位于圣淘沙岛的最南端，而圣淘沙岛本身就位于亚洲大陆的最南端。基地拥有一览无余的海景，从这里可以欣赏到新加坡海峡美景和远处的小岛。航道充满活力，无论什么时候，人们在基地上都可以看到无数的驳船、游艇和远洋班轮缓缓地滑过地平线。客户要求在住宅的每个部分都能享受如此壮美的海景，并体现圣淘沙相对于其他港口（他们也称之为家）的独特性。在基地前方的海洋里，有奇特的红色浮标，标示此处为新加坡的最南端，它也是建筑设计的重要参照物，事务所将住宅设计为一个“灯塔”，以赞颂此时、此地、此景。

住宅本身就是一盏导航灯，照耀着从地段后方和前街入口延伸开来的海洋。面向街道的立面由位于第二层的天然玛瑙幕墙组成，并由不锈钢框架支撑。夜晚，这种背光式的玛瑙石散发出温暖而沉稳的光芒，迎接着业主的归来。这种半透明的墙也可以作为住宅的屏幕，保护居住者的私人空间，同时也可作为面向海洋的客房的背景。建筑的整体体量由第二层的暗色分层箱体形成，盘旋在一个戏剧性的开放式娱乐区上方，娱乐区完全被花园包围。生活区、餐厅和厨房区共享一间巨大的海景房，可以通过滑动板屏蔽和分隔，也可打开，形成细长的空间，以充分享受视觉上的全景。标准泳池和泳池露台是对主要生活空间和娱乐区的延伸，将其延伸至微风徐徐的户外。

“建筑师经常通过设计来模糊内外之间的界限，然而，为了提高对周围环境的认识，我们强调无形边界。”（玛利亚·华纳·黄）

房间内部的设计重点完全集中于外部风景，尽管房间内外之间的空间像滑动透明玻璃板一样轻盈，它被概念性地看作一种界定，使内部空间感觉好像可欣赏大海迷人景色的一座月台。事务所所使用的建筑元素，如深屋檐的线条、荔枝面岗岩地板的线性图案和无边界泳池，都反映和突出了广阔的水平线，将建筑与基地的特殊性联系在一起。在此空间之上，还另有一个悬臂式长露台，上面铺设宽大的木板，一直延伸到阁楼。在悬臂的边缘，观者感觉大海近在咫尺，仿若站在远洋班轮的上层甲板上一般。

上 | 连续曲面屋顶的设计灵感来源于优雅的蝠鲼外形

右 | 红色浮标标志着亚洲大陆的最南端。从主街道临街面看，住宅中的灯塔是永恒不变的存在

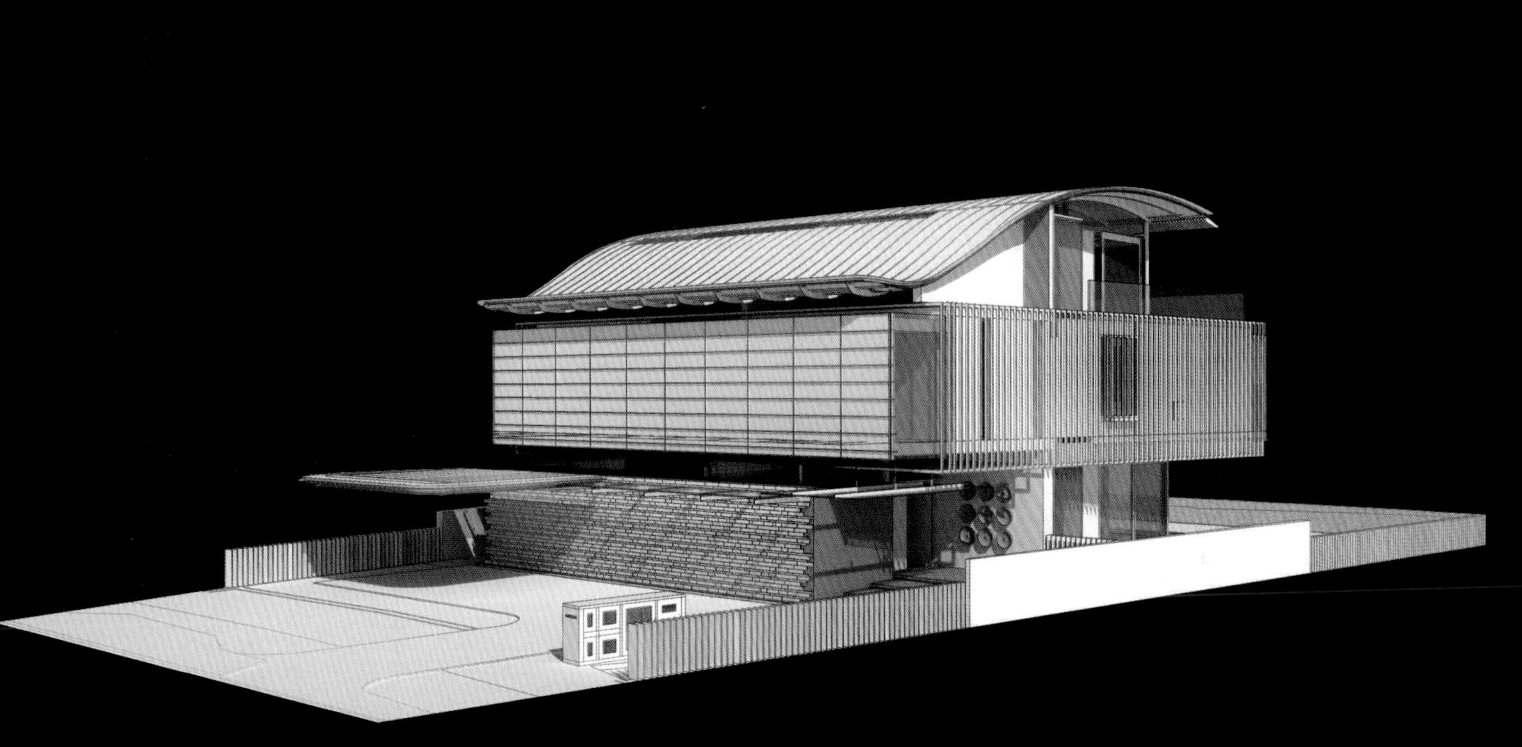

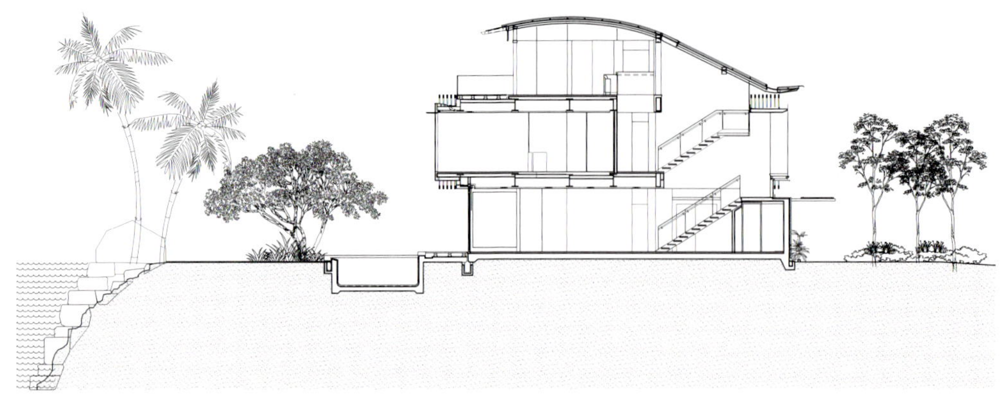
楼梯纵剖面图

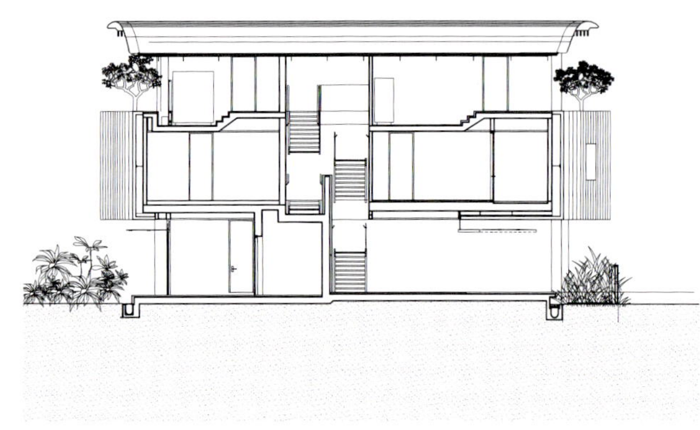
楼梯横剖面图

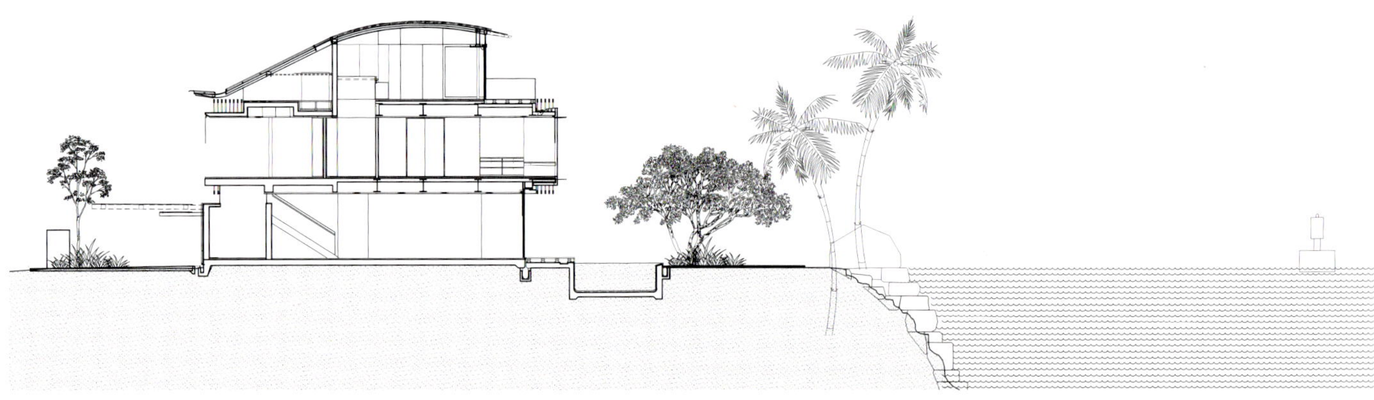
活动区纵剖面图

1 车道 | 2 入口门廊 | 3 门厅 | 4 盥洗室 | 5 客厅 | 6餐厅 | 7 厨房 | 8 服务区

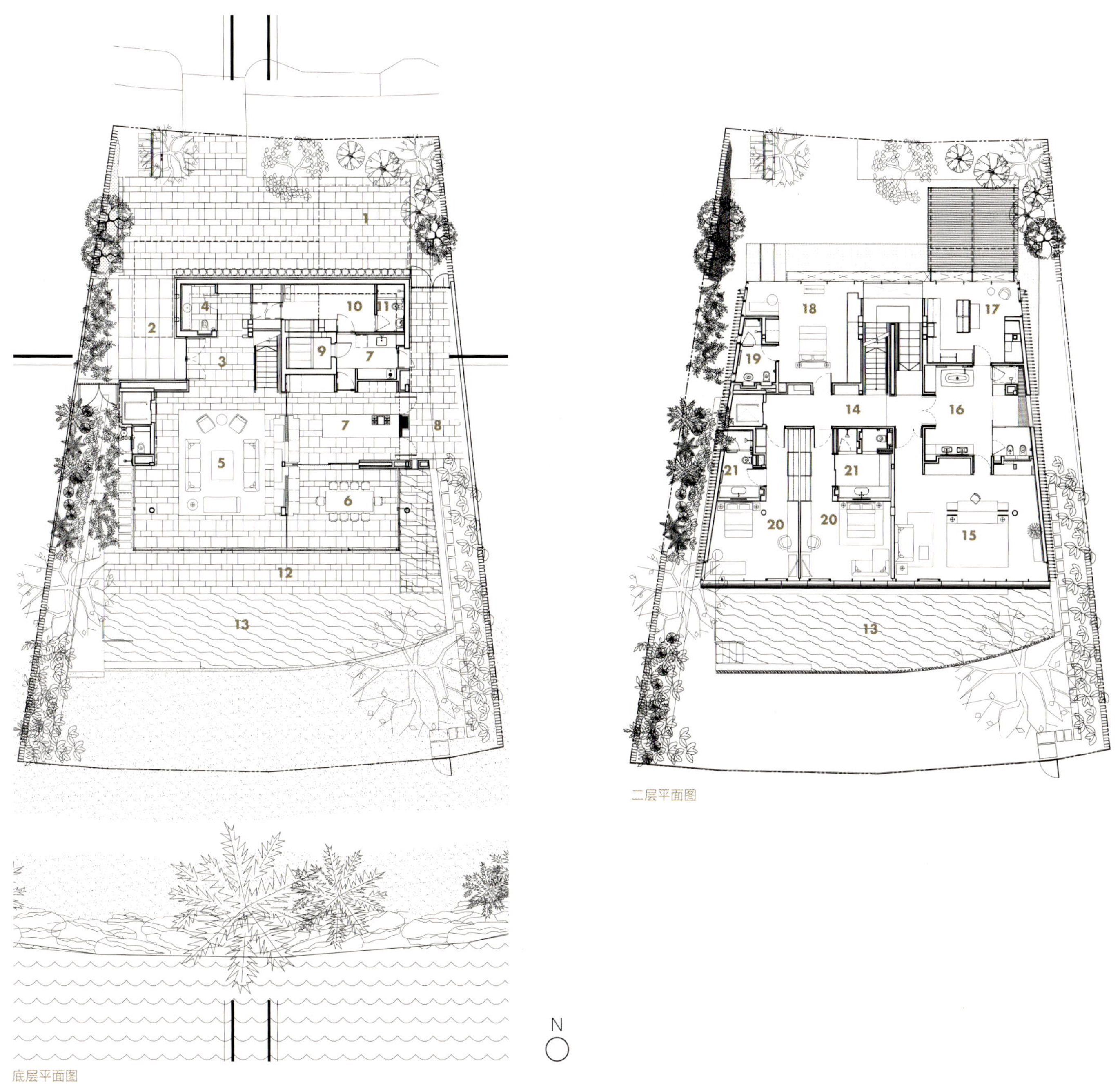

底层平面图

二层平面图

9 日常住所 | 10 杂物间 | 11 浴室 | 12 泳池露台 | 13 泳池 | 14 门厅 | 15 主卧室 | 16 主浴室 | 17 衣帽间

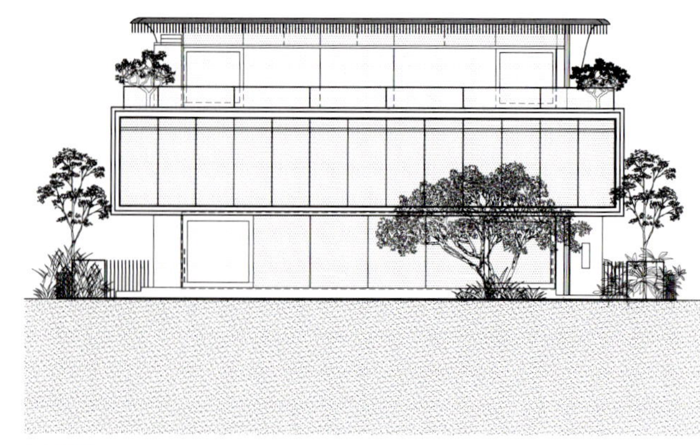

南立面图

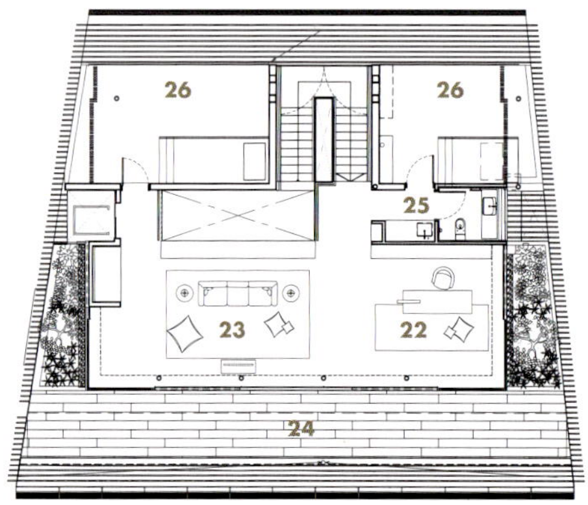

阁楼平面图

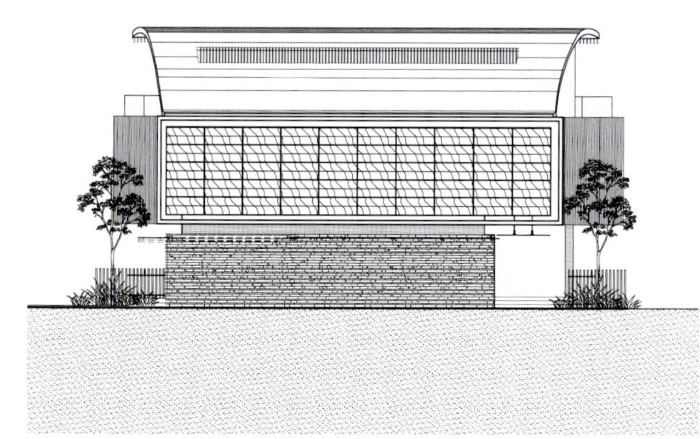

北立面图

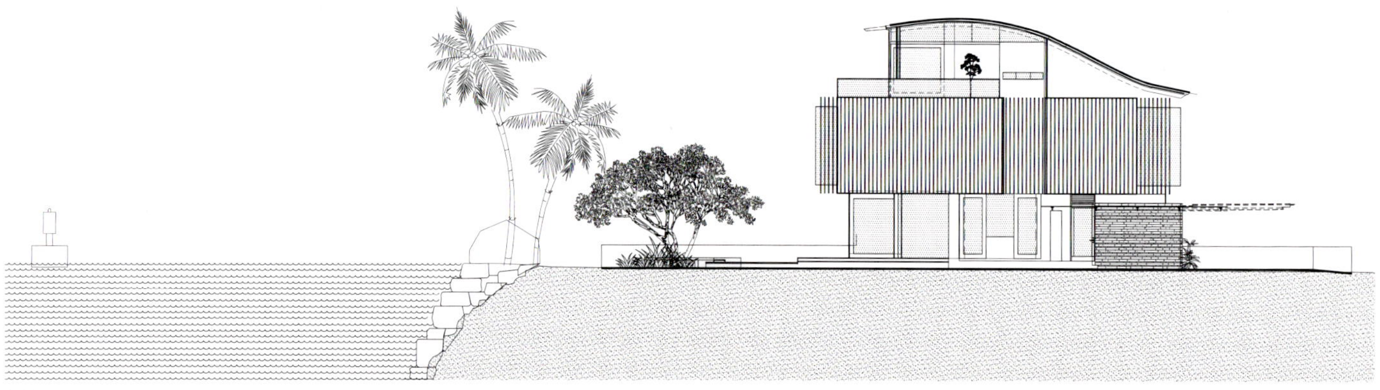

东立面图

18 客房 | 19 客房浴室 | 20 卧室 | 21 浴室 | 22 办公室 | 23 小房间 | 24 平台 | 25 储藏室 | 26 服务区

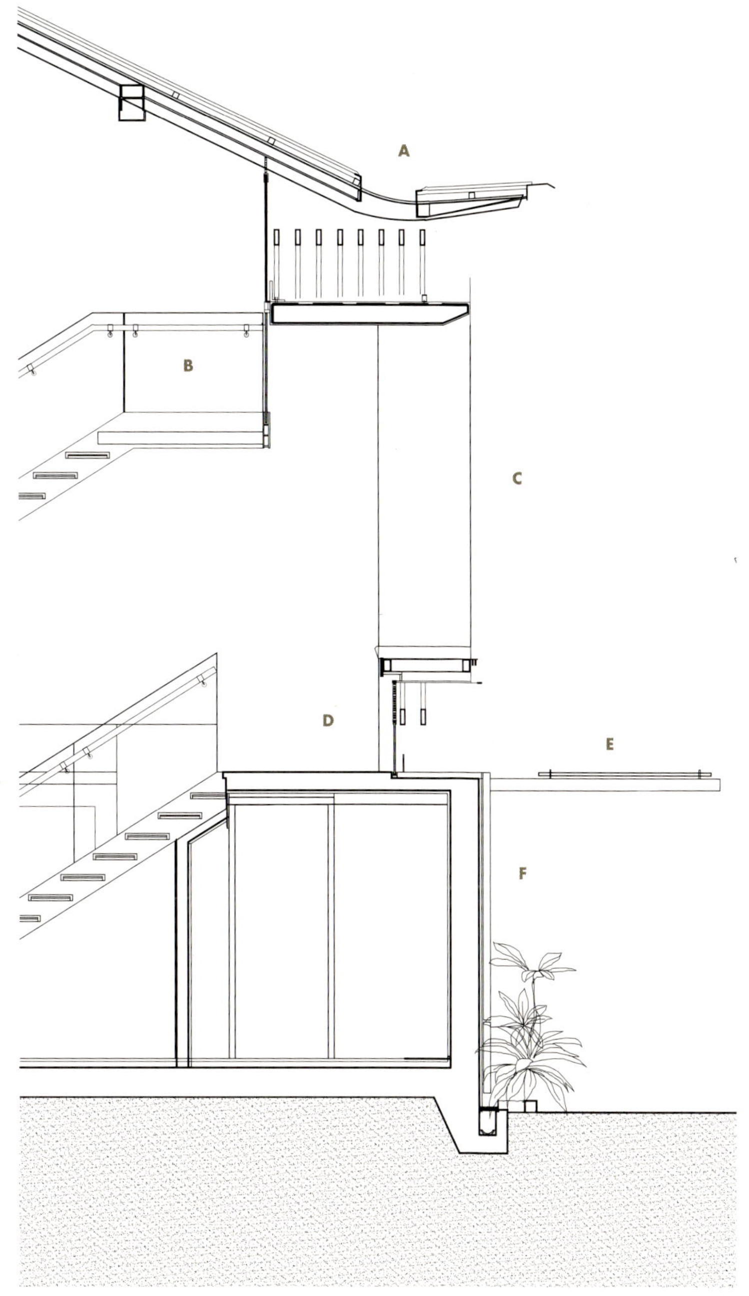

墙体细部剖面图

A 屋顶排水沟排水槽 | B 悬挑楼梯 | C 缟玛瑙幕墙 | D 可操作的通风百叶窗 | E 玻璃雨篷 | F 石墙

左 | 半透明缟玛瑙幕墙向上延伸，构成了楼梯的主要部分

上 | 滑动门隐藏在客厅显示控制台中，可使空间从开放连贯的流动休息室转变为一系列贴心的封闭房间

右 | 餐厅和厨房被一扇滑动玻璃门分隔，门打开便成了共享空间，完整的海景会激发厨师的灵感

上 | 不锈钢结构盘旋在主楼梯间，光线穿过缟玛瑙幕墙立面渐渐消失，而精细的百叶窗让过堂风为楼梯间时时降温

右 | 在阁楼上，合金钢肋连接的胶合板条整齐排列

下一页 | 左：缟玛瑙幕墙立面的内部细节，相邻的房间连接在一起，中间留有缝隙，可从内部看到立面，而外部发出光芒而不留下影子

中：整个浴室使用让人感觉舒适的灰色花岗岩，以创造舒缓的海洋背景

右：海景主卧室书房

上 | 街道朝向住宅的背立面，而面海一面饱览海景

右 | 主入口位于角落处，整个家透过缟玛瑙幕墙立面，绚丽夺目

下一页 | 傍晚的阁楼上看见海岸线处客轮停泊，闪耀的灯光灿烂明亮

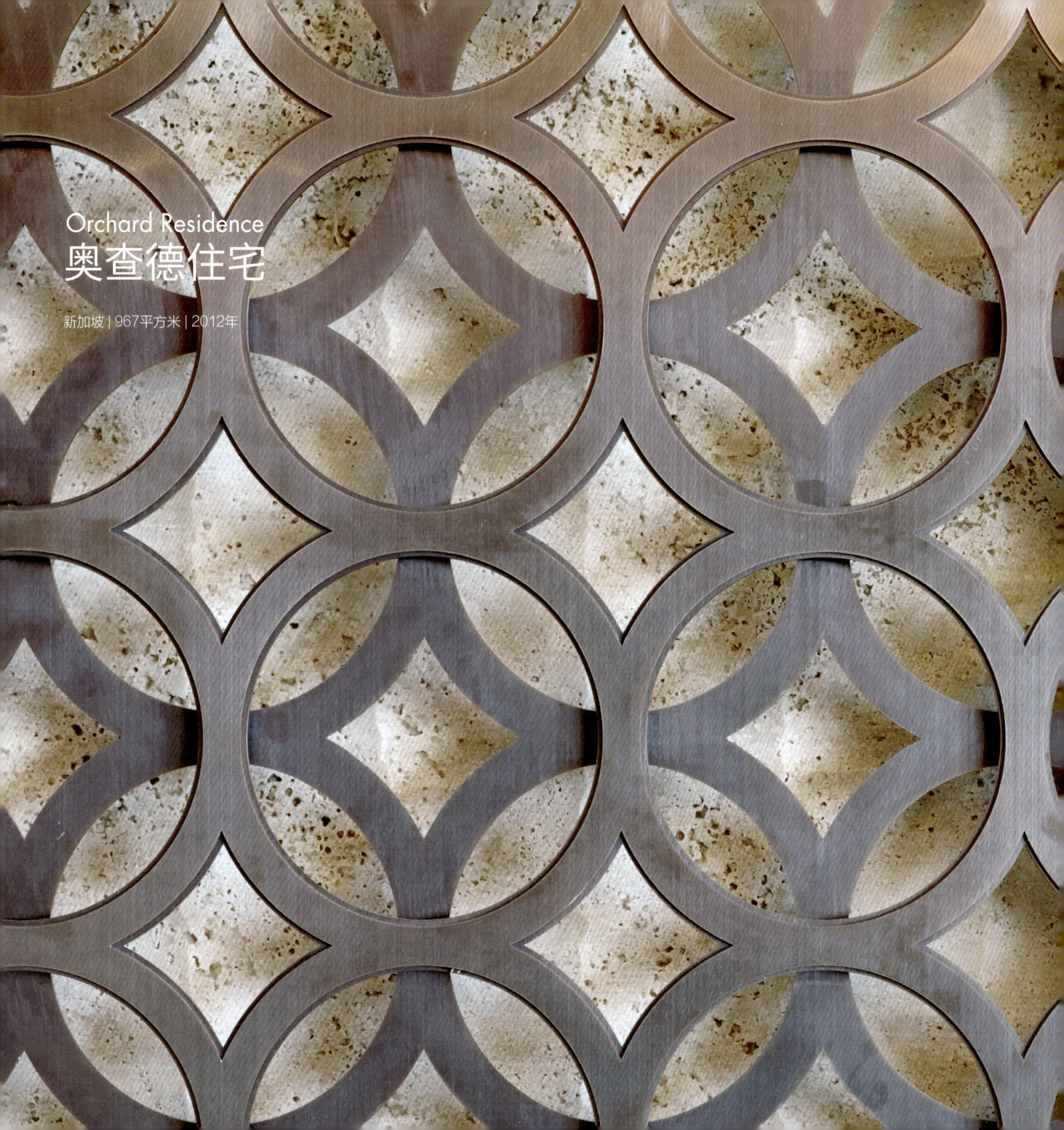

Orchard Residence
奥查德住宅

新加坡 | 967平方米 | 2012年

“WOW建筑事务所拥有来自世界各地的设计师团队，对体验不同的文化和新的场所充满热情，这反映了创始人对冒险的热爱和解读。我们为多样文化的融汇架起了桥梁，并对向新场所和新人群学习有着浓厚的兴趣。我们的核心优势在于能够从不同的角度解读地域及其文化，并提供令人耳目一新的方案，以及根植于当地文化的创意。”

玛利亚 · 华纳 · 黄

在新加坡乌节路主要购物区的核心地段，两座相邻的公寓单元合并为一栋大型住宅，极为奢华。合并后的室内空间和许多宽大的阳台都拥有优雅的细节和装潢，创造了舒适愉悦的空间，同时也能让住户俯瞰繁华的大都会景色。房间分为两类，一种庄重正式，充满阳刚之气，采用色彩较暗的材料；另一种给人的感觉更随意，弥漫阴柔之美，采用浅色的材料。房间以线性方式排列，由一条走廊连接，通往住宅深处，空间私密性逐渐增强。在乳白色抛光凝灰石地板上，有着强烈个性的线形花纹，凸显了房间内的轴向延伸。带有重叠几何图案的硫化铜屏风可以在狭长的走廊上滑动，从而在家庭空间中对公共和私密领域进行划分。

两个主要生活空间各设一间私人电梯大堂。第一个是正规的大型空间，在这里可以接见款待宾客。墙板采用木材如乌木、红木和柚木，拼接黑色镀镍条状镶嵌装饰。所有的装潢工艺水平极高，精致而文雅，材料的使用都采用现代手法，强调材料的丰富性和特殊品质、图案和特色。墙面和地板采用两种形式，一种为突显石材和木材的天然图案，另一种为人工雕刻的纹理图案，以创造丰富的感官体验。第二个主要生活空间更像家庭活动室，选用浅色而精致的材料色调和家具样式，使用了各种浅乳白色材料和带有精致金属框架和图案的家具。这两个主要生活空间都设有美观而宽敞的阳台，阳台被设计成独立的半开放式客厅，各具特色。在正式生活空间旁的露台采用了比较阳刚的设计语言，使用了长长的灰色图案窗帘和深色柳编家具。在家庭活动室旁的阳台则采取了轻柔的设计表达，采用可随风飘扬的灰白色透明窗帘。阳台上有轻质的金属遮阳板，可以在墙壁和地板上投射线形的阴影图案，从而营造出梦幻而悠闲的感官体验。两个阳台都可以欣赏一览无余的城市景观，突出了快节奏的都市丛林和内部的豪华城市寓所之间的转变。

左 | 主入口门厅和私人电梯通道

对 | 房间的每个区域都可以用青色的滑动屏风分割开来

下一页 | 主客厅和餐厅开向两侧宽阔的大阳台，与卧室之间由一扇青铜色的滑动屏风分隔

左 | 对材料和色彩融合的细心关注使其散发出些许的豪华和舒适感

右 | 主餐厅

Katsura

DIAGRAMS

上一页 | 明亮材质色调的家庭房给人以更放松的感觉

左 | 小卧室有嵌入壁龛里舒适的床

右 | 每间卧室都布满皮革、木材和纤维织品这类结实的材料

左 | 主卧室拥有迷人和休闲的时刻

右 | 客房浴室有独立的石灰岩雕刻
设有涂了漆的水牛角装框的镜子

下一页 | 长长的走廊被设计成为半室外客厅，以促进房间的通风

Chiltern House
奇尔特恩住宅

新加坡 | 493平方米 | 2013年

“以改善环境的热情为动力，我们创造了丰富日常生活的空间，工作、娱乐、生活和休闲空间都是围绕感官体验的有意识编排。”

玛利亚 · 华纳 · 黄

这间住宅位于新加坡中部的奇尔特恩大道（Chiltern Drive），其内部空间像是一件精心制作的服装，围绕着居住者的需要和愿望编织而成。这个家庭的成员渴望让住宅与周围环境、发展历史和家庭生活方式紧密相连。

住宅采用单一的整体混凝土结构，利用钢筋和原木模板浇筑混凝土而成，建构过程全被压印在混凝土的表面上，有高低不平的线条，在墙壁和壁架上有着钢筋的痕迹。当清晨的阳光投影在原木模板所留下的横向纹理带上时，建筑建造过程本身就记录着时间的流逝，使家庭成员回想起曾经为自己的梦想所付出的努力、向往以及实现的过程。

住宅室内和周围空间的设计能让每个家庭成员享受私密空间，并与大自然亲密接触。同时，还设有其他空间，让大家能欢聚一堂，久别回家时共同用餐、相互问候，创造和延续家庭传统习俗。房子的平面图以方形几何为主，但在简单的结构下，空间布局却有着复杂的相互作用，宽阔深入的空间和连接点从不同方向横跨建筑。细长的房间在不同方向吸引着人们的视线，有时是园景，有时是面向天际线和地平线的窗台，或者是房间内某些指定物件的夸张视角。这些房间内和空间之间的视觉上的联系，有助于凝聚居住者，使他们留意彼此在建筑内部的动态，同时也使房子和周围环境的联系更加紧密。

客厅和餐厅的空间是连通的，前方是泳池，另一端是后花园。沿房间的长向建有与墙壁一体成型的低矮飘窗窗台，横向长窗让居住者与景观直接紧密地联系，另有休闲座位，可供单人或多人舒适地休憩。同样地，高大宽敞的厨房里设有开敞的厨房岛台，可观赏后花园的景色，同时也让厨房明亮怡人，成为工作区和社交空间的混合体。在这种深邃的空间和宽阔长窗的建筑语言下，住宅周围的花园被框成戏剧性的线性景观。葱郁的景色让居住者享受一种宁静的感觉，同时提供沉思的空间，让居住者对环境产生归属感。这些景色的高潮部分设在主卧室，单一的横向窗户占据了顶楼的整个建筑正面，让居住者能够欣赏城郊一览无余的壮丽天际线。

尽管住宅设计是为了达到完整的建筑、室内和景观体验，但是每一个范畴都有其独特的表达手法和概念。建筑设计具有粗糙的混凝土美学和表达清晰的建造过程，景观采用多种不同的热带景观策略和四个层次清晰的解决方案，以实现不同的空间目标，而室内设计则使用私人艺术品织锦，巧妙地表达了家族历史。

上 | 住宅主立面，宽敞的大窗可以俯瞰茂盛的行道树并对接邻家的花园

右 | 主入口被悬挑在车行通道上的廊架遮盖

左 | 浅灰色面板和混凝土墙在清晨时分发出微光

右 | 从贝弗利山庄特利斯戴尔地产获得的黄铜和玻璃屏风被重新诠释为定制的格栅，让新鲜的空气进入门厅，西部的阳光照射在彩色玻璃上

下一页 | 一对高大的滑动门凸显了高雅的客厅和餐厅，阳光洒向入口深处，并且构成了通向客厅走廊的主体意象

上 | 太阳在飘窗外的边界墙上留下道道阳光，强调环绕着客厅和餐厅的园林景观

右 | 穿越客厅从池塘看到的景象

下一页 | 客厅飘窗旁可以享受花园美景的沉思空间，足够宽敞，可容纳几个小组交谈

左 | 定制的不锈钢厨房有序围绕在一个安装有通风设备的封闭的悬挂式象牙瓷砖金属罩下的中心岛炉周围

ADVENTURE
TRAVEL

上 | 从起居室看书房的景象

右 | 书房平面滑动门细节，隐藏在竖直条带中的嵌入式手柄

左 | 起居室被构思为酒店套房
有睡眠区、工作区和放松区
还有奢华的浴室

上 | 客房浴室的墙面材料采用合成石灰华板，上面摆放着古青铜烛台和小配饰

下一页 | 睡莲池被抬高到与飘窗窗台同等的高度，最大限度地扩展了从床的高度看到泳池中景象的范围

左 | 黑胡桃书架摆在裸色的镶板前方

右 | 主卧室色彩和纹理细节

左 | 床边桌子上的青铜摆件，反射墙上镶板接合处

右 | 主浴室里的桌案设计灵感来源于中国明代的台案

左｜一片广阔的天空和花草芬芳的屋顶露台构成主浴室的主要视野

右｜主浴室和衣帽间的设计利用了住宅的宽度，连接了另一边的平台

右 | 巨大的滑板打开，主卧室一览无余，长长的窗边座位是等待夜晚盛开的百合花的理想位置

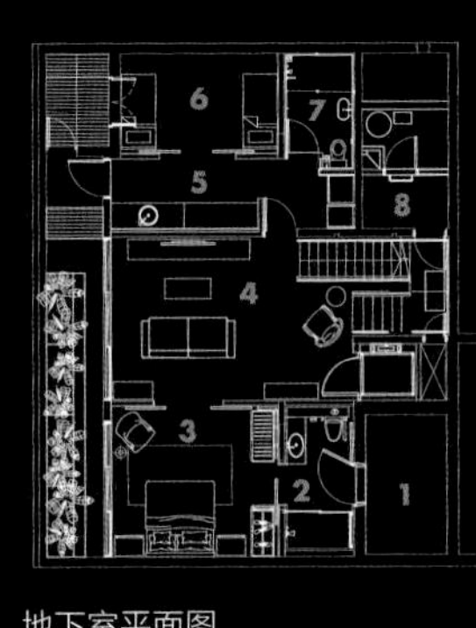

地下室平面图

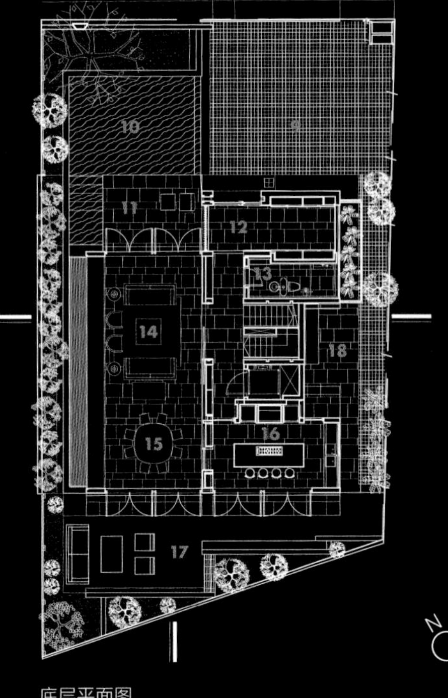

底层平面图

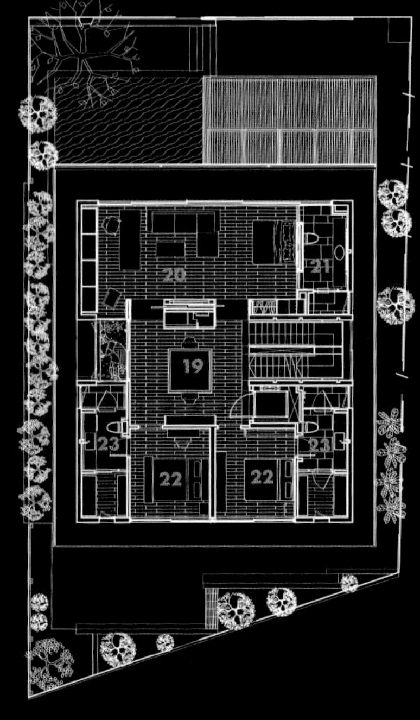

二层平面图

北立面图

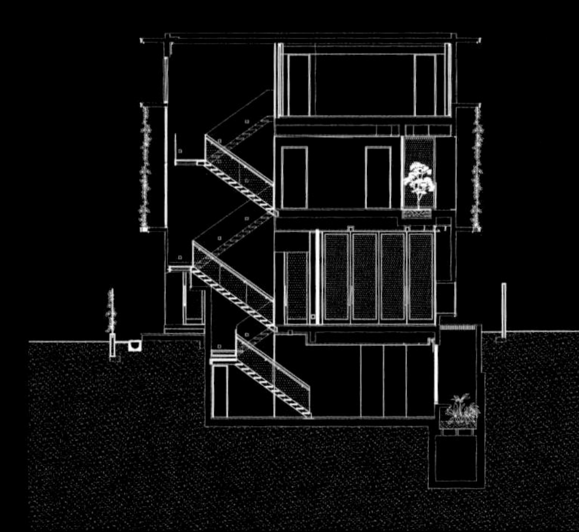
纵剖面图

1 日常住所 | 2 客房浴室 | 3 客房 | 4 起居室 | 5 杂物间 | 6 房间 | 7 浴室 | 8 泵房 | 9 车行入口 | 10 泳池 | 11 泳池露台 | 12 入口门厅 | 13 盥洗室 | 14 客厅

0 2m 5m 10m 15m

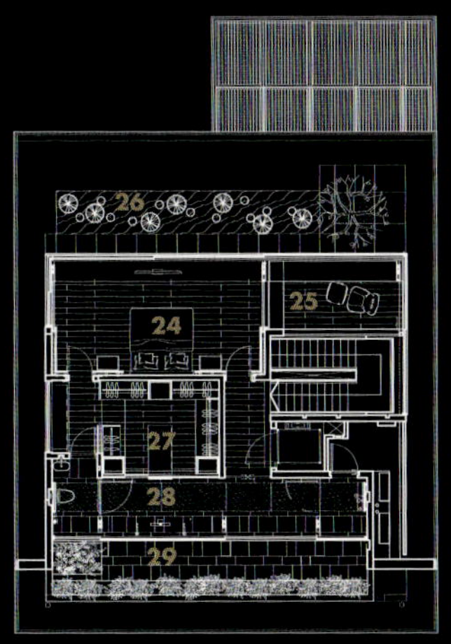

阁楼平面图

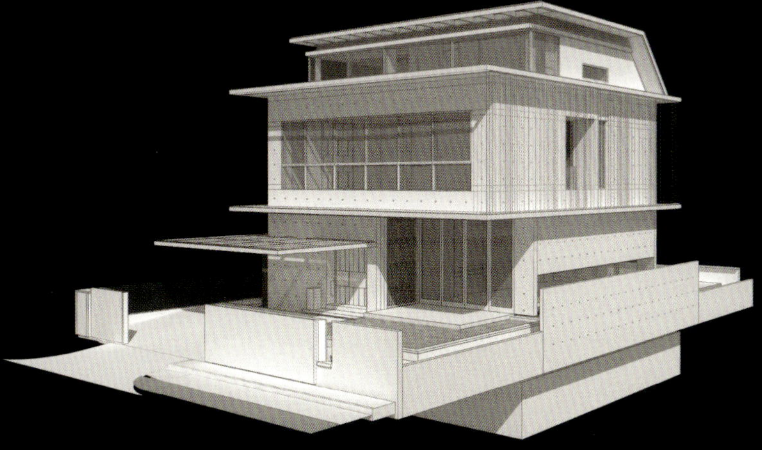

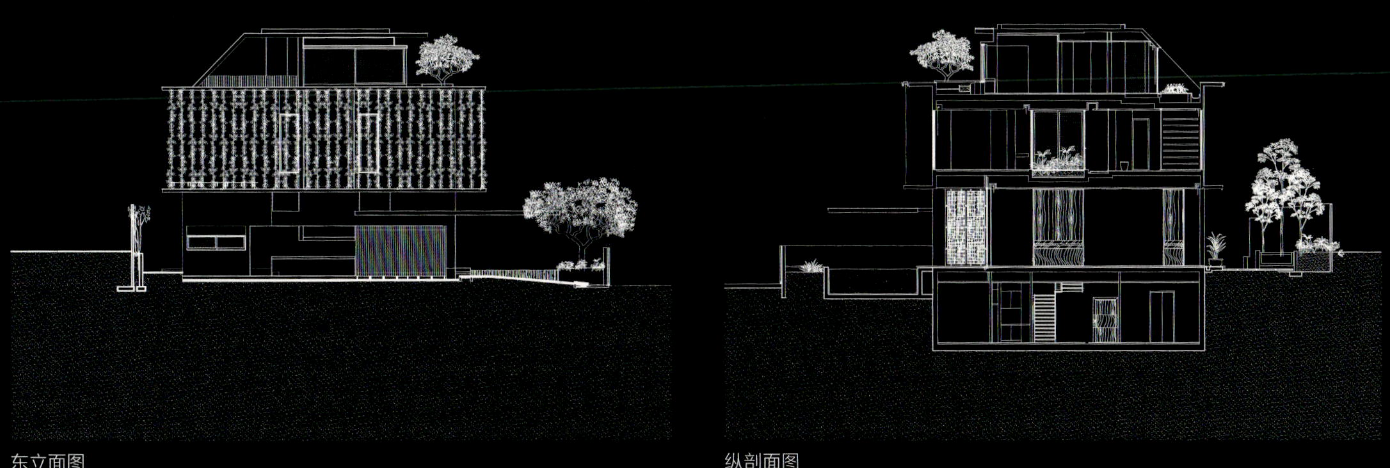

东立面图

纵剖面图

15 餐厅 | 16 厨房 | 17 后天井 | 18 厨房 | 19 书房 | 20 起居室 | 21 客房浴室 | 22 卧室 | 23 浴室 | 24 主卧室 | 25 书房 | 26 荷花池 | 27 衣帽间 | 28 浴室 | 29 露台

Mandala House
曼陀罗住宅

班加罗尔，印度 | 3,000平方米 | 2013年

我可以从所参观的地方的特殊地理、文化和工艺中受到启发，也特别喜欢提取相关的元素、图案、材料和符号，然后在设计中重新组合并呈现，从而为居民创造新的意义和体验。我认为，在财富增长和繁荣的时代，物质世界中有着无限的可能性，设计应该侧重于体验的创造，其中意义和物质应优先于无理由的形式。”

黄超文

古印度教圣典的教义中有关于自然规律对人类住宅影响的传统观点，这在位于印度高度现代的住宅规划和空间组织中发挥了不可或缺的作用。印度“风水学”原则对家庭住宅的影响，基于围绕曼陀罗九宫阵构图原则的定向排列。住宅的概念框架是对曼陀罗的诠释，事务所不仅将其用于平面布置中，而且还用于三层建筑上，从而形成了“风水学”中的三维外推，有些模块被雕刻出空隙作为开口，以暗示内部的空间关系。

具有较强公共性的第一层就体现了这种关系，这一层完全开放，连接中央花园庭院。地面层的餐厅是一个长条形公共空间，房间本身为外部庭院景观形成了巨大的框架，庭院中拥有现代景观设计和开放的共享草坪区。同样，高耸的客厅两侧拥有全高的玻璃开口，可俯瞰碧绿色的泳池，泳池在房间的前面和侧面环绕，使生活空间看起来仿若漂浮在水面上。从文化上来讲，这种开放式的设计与印度社区的生活方式息息相关，大家族的传统在仪式和日常生活中得以延续。首层被设计为社区和围绕印度文化的仪式区域，在此之上的是相对封闭的家庭休息室，外面有阳台，适合更为私密的交谈。和大部分的住宅二层相同，该区域供直系亲属专用。

空间所用的材料是设计的重要内容，客户积极参与了整个房子所使用的所有木材、石材和金属的选择每个表面和细节上的精致的材料丰富了纯净、简洁的空间。这种精致的感觉也体现在高水平的工艺和客户定制化上，比如住宅中的家具和木制品，住宅外部的正立面，以及金属屏和覆面，均在欧洲特别定制，并运往印度，用于住宅建造。内部的建筑元素，如带有异国情调木栏杆的雕塑螺旋楼梯，以及带有光源隐蔽槽的拱形天花板，都被制作成艺术品，并与白色背景形成对比。这些定制的建筑元素被视为单个对象，使其融入整个设计体验。类似地，事务所也为墙壁精选了现代和多彩的艺术品。

上一页 | 住宅运用一系列的墙壁和屏风退进关系来保持其隐私性，同时在该社区展现一种宁静且醒目的存在

上 | 正式的客厅有私人花园入口，入口连接一条架空在水池上的狭窄路径

右 | 家庭休息室架空在主餐厅上，被玻璃间隔开的白色玛瑙板围合

左 | 中心庭院的串联叠加形式构成了三维曼陀罗的概念

左 | 曼陀罗住宅的每个体块界限都很明确，旨在营造出架空的效果，并使外观引人注目

上 | 家庭休息室设有可完全伸缩的玻璃面板，打开像覆盖在泳池和花园凉亭的雨篷

下一页 | 正式餐厅是被美景包围的开放式空间

左 | 正式客厅开向内部花园庭院

右 | 双层高度座位的壁龛有一个玻璃地板，暗示了下方的进水功能

下一页 | 房子的主螺旋楼梯漂浮在浅水池中

左 | 家庭休息室的空间被顶部的螺旋吊灯点缀，一幅色彩绚烂的艺术作品作为其背景

右 | 两倍层高的家庭休息室是一个完美立方体，穿越其中的桥连接了两侧的房间

下一页 | 色彩、材质和纹理的设计营造出一种轻松舒适的氛围

| 每间卧室均根据居住者的喜好专门设计，反映出他们彩和材料上的审美和选择

页 | 正餐餐厅专门定制的照备和家具

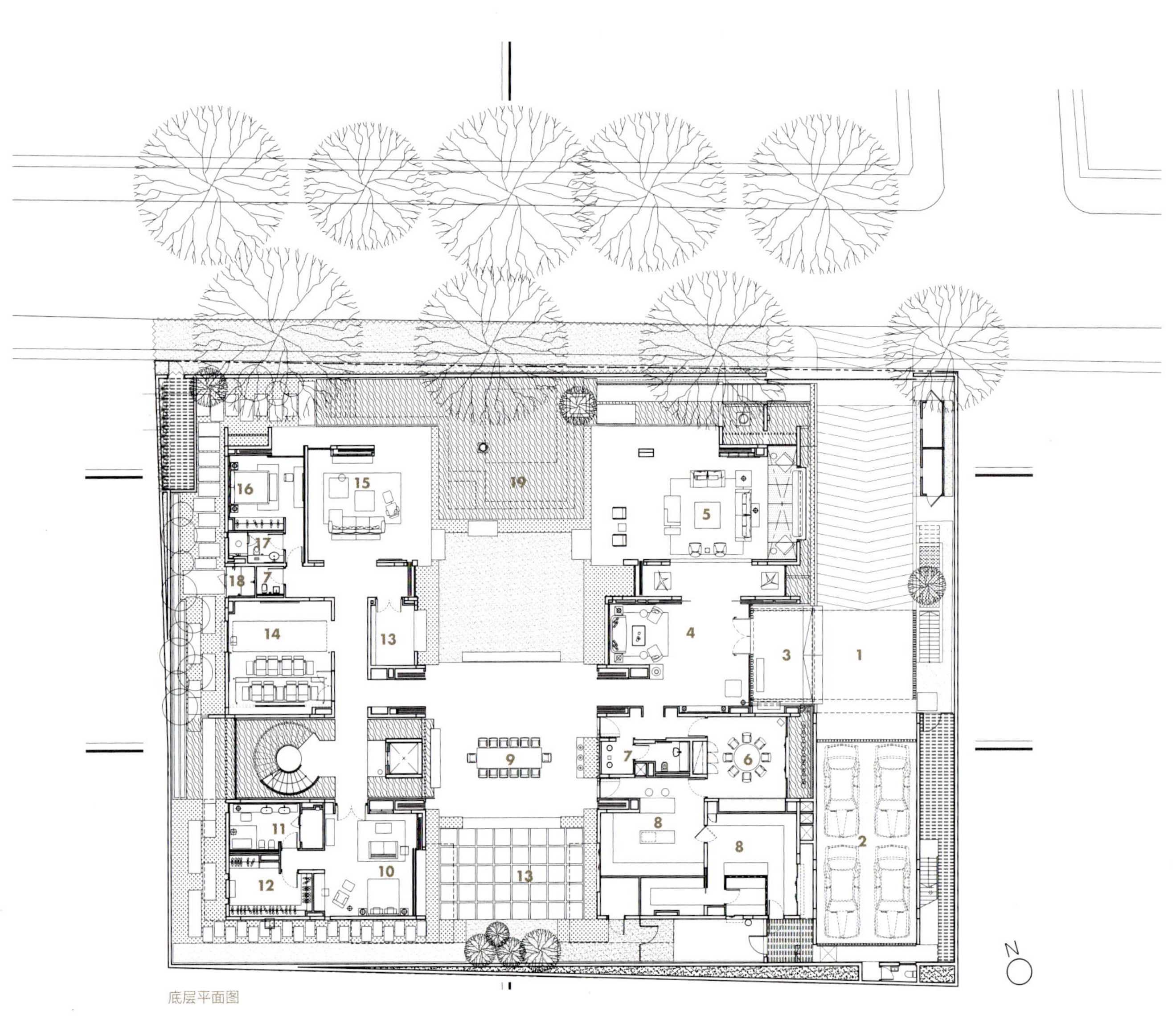

底层平面图

1 车道 | 2 车库 | 3 入口 | 4 门厅 | 5 客厅 | 6 家庭餐厅 | 7 盥洗室 | 8 厨房 | 9 正餐餐厅 | 10 卧室 | 11 浴室

0 2m 5m 10m 15m

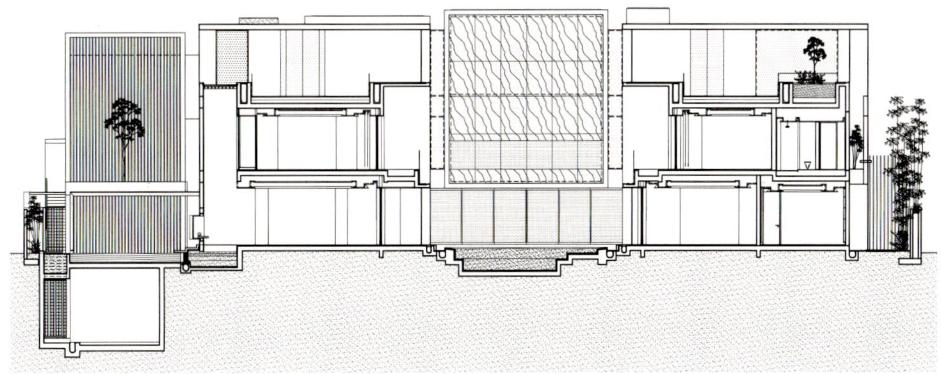

生活区剖面图

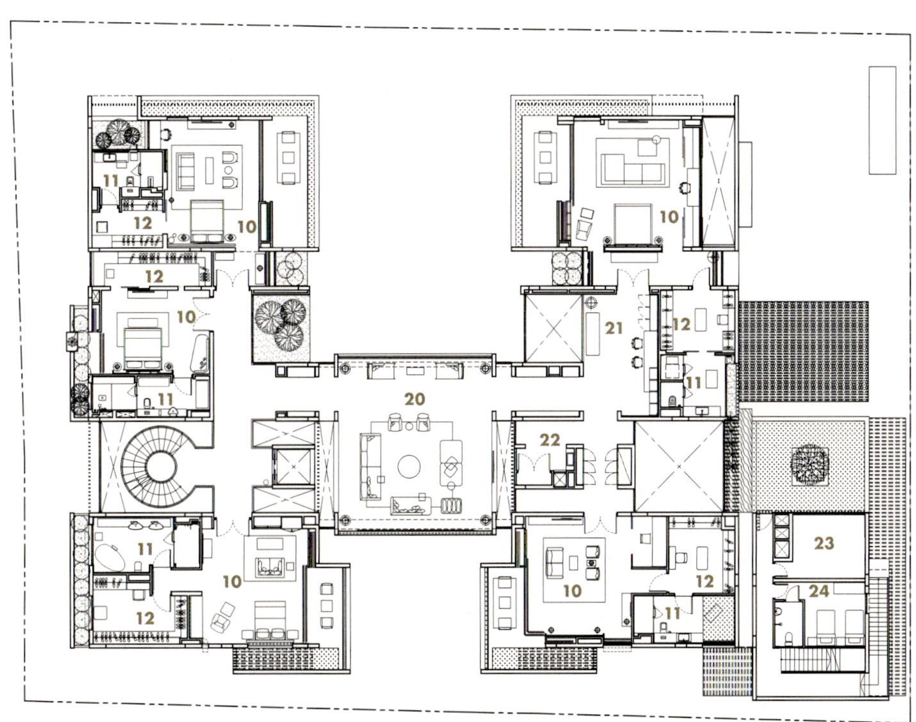

二层剖面图

12 衣帽间 | 13 祈祷室 | 14 家庭影院 | 15 起居室 | 16 客房 | 17 客房浴室 | 18 户外浴室 | 19 泳池 | 20 家庭休息室 | 21 图书馆 | 22 储藏室

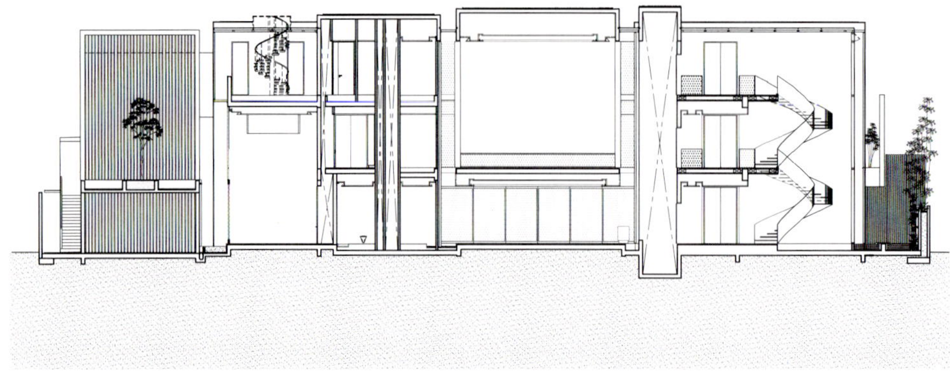
正餐餐厅和家庭休息室纵剖面图

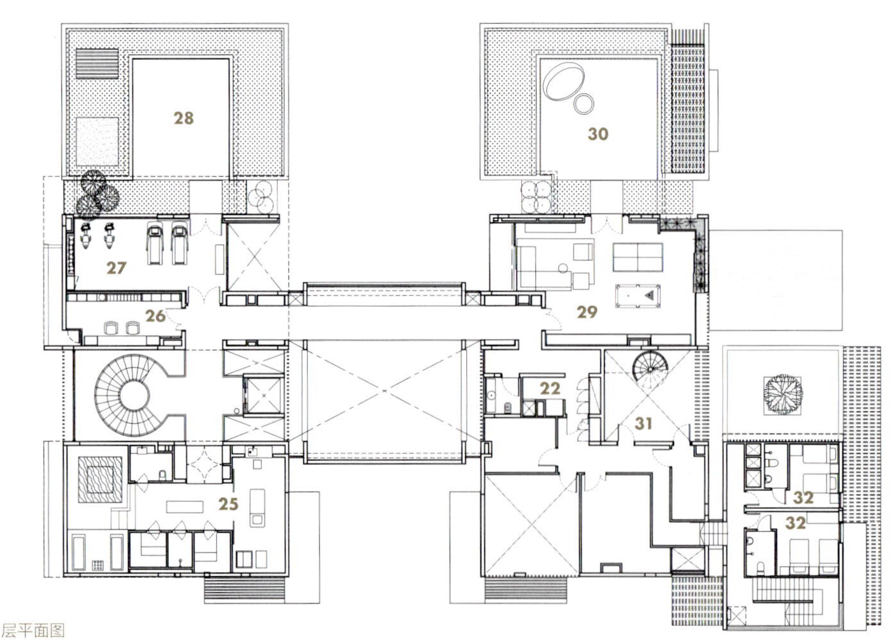

三层平面图

23 机电室 | 24 司机室 | 25 水疗中心 | 26 美容室 | 27 健身房 | 28 瑜伽平台 | 29 游戏室 | 30 娱乐平台 | 31 洗衣房 | 32 杂物间

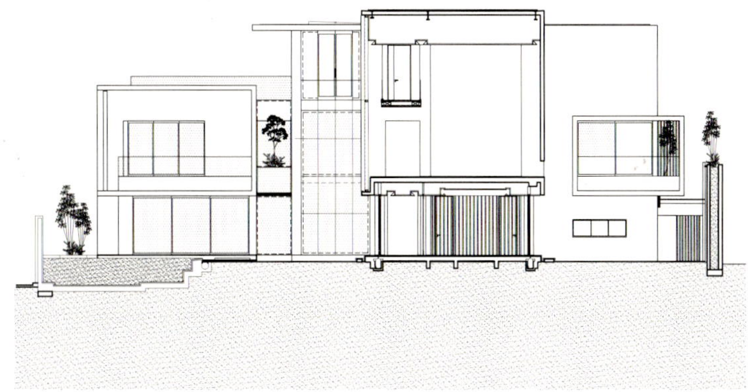

家庭休息室剖面图

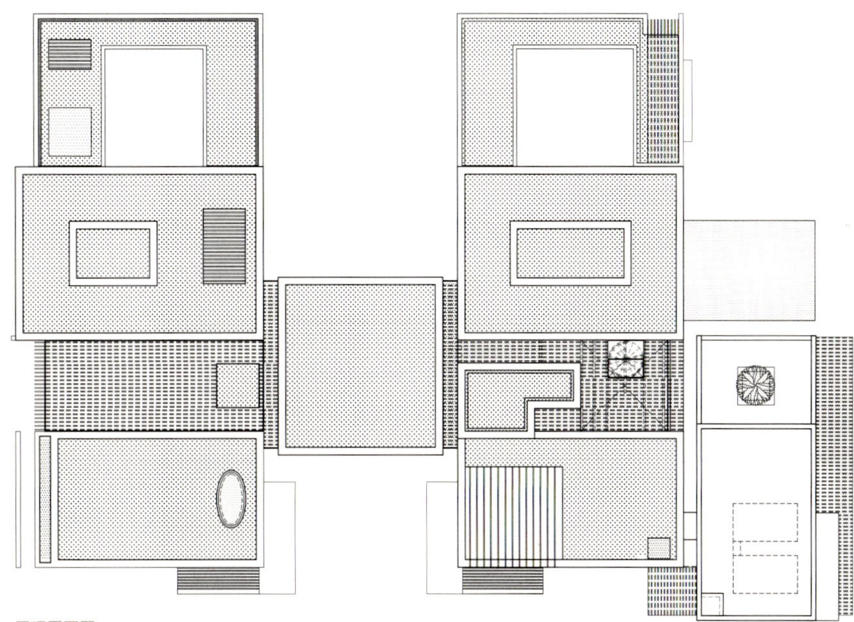

屋顶平面图

作品集

本书中的项目以缩略版的形式汇编成了WOW建筑事务所的作品全集。为了充分了解事务所的业务范围，本章重点展示了众多个项目，并通过对其一系列已完成和进行中项目的介绍，使读者获得更全面的认识。在这些工作中，通过对全球多元化背景的关注和对富有挑战性的地方项目的处理，事务所建立了广泛的客户基础，运用了各种具有适应性和文化特性的建筑、室内和景观设计策略，事务所将继续在更广阔的领域中发展其企业精神和设计技术。

该项目为由几兄弟组成的大家庭设计，院落由四栋住宅组成，坐落于新德里的“勒琴斯德里”（Lutyen’s Delhi）专属区。该地区以英国建筑师勒琴斯命名，以纪念他在 20 世纪初对当地的总体规划和建筑工作所产生的重大影响。院落的设计遵循印度“风水学”原则，并呼应了勒琴斯德里的殖民地文化遗产，提出以现代方法诠释新古典主义和印度莫卧儿王朝（Mughal Empire）时期的建筑风格。

四栋住宅处于私密度由低到高的庭院系统中，从而营造公共和私密区域，同时丰富和关照家庭成员的生活方式。

空间的灵活性和流动性推动住宅的设计，使其可以根据用途产生多种变化。步入式衣帽间既是一个房间，也可作为主卧室和客厅具有私密性的缓冲区。衣帽间的镜面可被推入墙壁之中，从而形成宽敞而豪华的主卧套房。大型双折叠门通过滑动打开后，可隐藏起来，延伸客厅空间，使其更开阔，事务所运用多种方式，使室外和室内区域融为一体。由于自然采光有限，在窗户旁设置了座位，自然元素周围都保留了供人冥思遐想的空间。

奇登大厦是一栋公寓大楼，由拥有私人空中花园的一组双层公寓组成。室内装修着力于最大化地利用空间，创造具有灵活性和适应性的公寓建筑，同时运用定制家具满足多种用途。本公寓是为热带地区的现代生活而设计的。

事务所将楼梯、厨房、服务用房和影音设备整合为一个中央服务区，围绕该核心区域建造的滑动面板可以改变厨房吧台区域内部和周围的空间，以遮盖或彰显设计中的其他功能。

这座现代联排别墅围绕多代同堂的印度实业家家族的日常生活而设计，融入了现代生活元素，同时也整合了祷告、娱乐、商业和节庆活动等传统。

事务所将共用一道墙壁、主入口方向相同的两个房间合二为一，将主餐厅和客厅设计成一个完整空间，从而把视线集中至前方的印度庭院花园里。

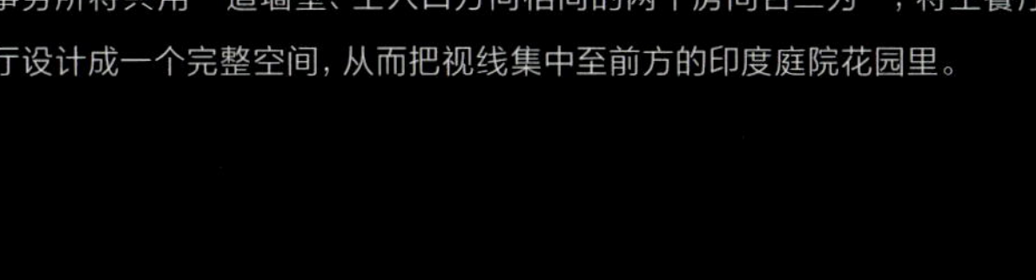

Rang Mahal

朗玛哈

2000年

室内设计

印度北部餐厅

新加坡

受欣德发展有限公司（Hind Development）委托，事务所设计了这家备受赞誉的印度北部的现代高级餐厅，以体现印度北部宫殿庭院的夜间体验和氛围。客户是一户印度家庭，常住于中国香港，因此他们要求在设计中将风水原则与现代印度美学结合在一起。

事务所同时使用当代材料和传统材料，使其既具现代感又不失传统。开放式厨房提供各种拉贾斯坦邦、克什米尔和旁遮普的辛辣菜肴，美食的香气与利用木材、石材和精致的当代艺术品装饰的环境相协调。

Jim Thompson Mythai Restaurant

吉姆·汤普森餐厅

2004—2005年

室内设计

餐厅

吉隆坡，马来西亚

获 2006 年亚洲设计大奖

升禧广场（Starhill Gallery）现在是吉隆坡最豪华、最高档的购物中心之一，位于吉隆坡著名的零售和娱乐区。升禧广场内的美食村汇集了一系列高档餐厅，其中包括吉姆·汤普森旗舰店，以及韩国演员洪石千的首家泰国餐厅，其设计融合了吉姆·汤普森在泰国运河旁的房子的古雅装修，这体现了他豪爽的个性和热情好客的性格，同时餐厅的风格也与当地街边小吃店烹饪泰国料理的质朴魅力融为一体。

绿中海度假村坐落于私人热带海岛邦咯岛上,距离马来西亚半岛西海岸1.6千米。邦咯岛上拥有一片美丽的雨林,环绕着裸露的岩石和细白的沙滩。

整个岛屿都是度假胜地,针对这种独特性,事务所注入了新的元素和活力,从而使餐饮成为极具互动性和感官性的体验。

餐饮村体现了综合性餐饮理念,游客可以在多元化的环境中开启世界美食之旅。

这家日本餐厅是雅加达盛美利亚酒店（Gran Melia）的四大主要餐饮场所之一，酒店中所有餐厅都很符合印度尼西亚人喜欢群体用餐、娱乐、社交和互动的习惯。通过宽敞的布局，提供许多大餐桌，以及私密或半私密的用餐区，每家餐厅都适合举办家庭和团体庆祝活动。餐厅的商业模式和设计有利于厨师和食客之间的互动与交流，节日集会气氛被大大调动起来了。

物质元素与设计和谐结合再生文物及语言的灵感来自于日本传统的折纸艺术。

这家整容外科诊所的设计灵感来自于名贵跑车的加工精度和手工工艺，这些都是客户在工作中所重视和支持的品质。一位著名的整形外科医生，需要通过技术创新挑战对完美体形的传统观念。同样，诊所的设计也反映了患者希望通过外科手术精准的技术，改善健康状态，从而实现亚洲人的理想美态。

诊所的设计旨在促进体形优化，同时保护知名客户的隐私，并提供特色服务。通过透明和反射元素创造幻觉和神秘感，客户可在特定区域接触外界，也可以隐藏自己。

事务所为吉姆·汤普森的一系列精品店重塑了品牌形象，其中一家店位于吉隆坡的高端购物中心升禧广场内。吉姆·汤普森的旗舰店位于曼谷，其他店位于新加坡、马来西亚和文莱，事务所为这些店设计了以编织诗意品质为主题的21世纪精品店概念，将这种编织的概念融入现代柚木货架系统，使产品的陈列展示灵活可变。

2012 年度的世界建筑节（WAF）从西班牙巴塞罗那迁移到亚洲国家举行，从而与影响着全球建筑和设计发展的核心地域更接近了。在蓬勃发展的亚洲各国之中，新加坡获选成为主办这个云集各国建筑师和建筑专业人士的年度盛会的东道主。展台由利比有限公司（Rider Levett Bucknall）赞助，WOW 团队感到万分荣幸。

展台的设计灵感来自于新加坡的竹卷帘百叶窗形象，在新加坡，通常用它来遮挡赤道气候的炎热气温和雨水。百叶窗被分割成条状，分开并重新接合，从而让展台内的空间在竹卷帘间自然流动。展台就像是藏身于巨型窗帘内，游客可以随意穿梭于半开放的边缘和线性的动感空间之中。

尼文路住宅最初被构想成一个现代化的都市家庭办公室，直到该处被确立为历史文化保护区后，事务所在那里执行全面都市化计划的期望不得不告终。根据规定，现有的建筑物必须予以保留，但可在后方增加较高的扩建部分。

在 20 年内，因为经济状况和城市限制的不断变化，这座建筑物的设计经历了几番修改，最终演变成一座包含后方扩建部分的 21 世纪的传统建筑。为减少在历史街道上造成的视觉冲突，后方扩建部分的设计由三层双倍高度的空间组成，外墙上有一系列可操作的穿孔幕墙隔板，以遮挡在早上和傍晚来自东边、西边的直射阳光。幕墙系统包括小型的花架，让攀缘植物在垂直肋板系统的支持下往上生长，形成绿意盎然、悦目和谐的建筑外观。

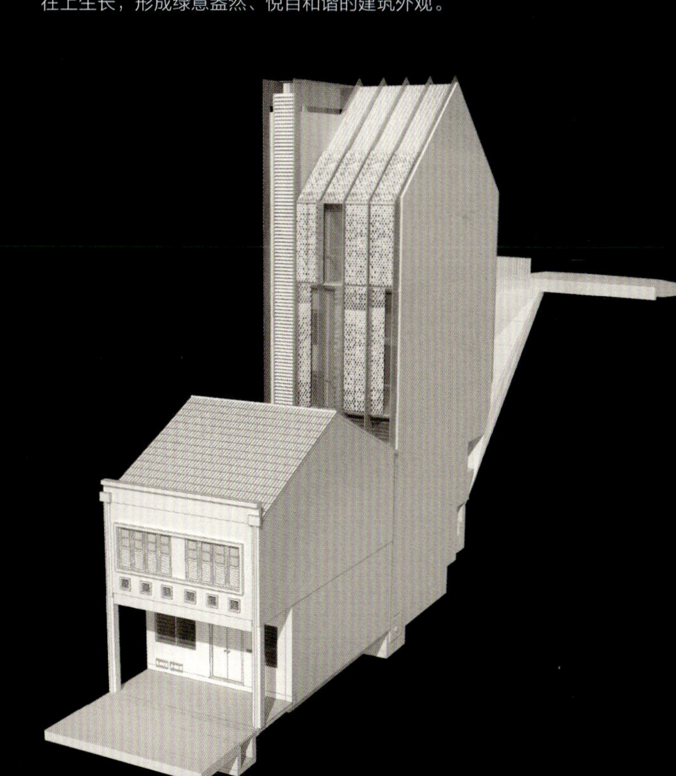

作为印度北部科技园的新原型，万迪卡思想院最大限度地利用景观元素，在多层结构中营造了校园般的氛围。与典型的办公园区开发有所不同，该项目将现有地平面折叠起来以创建双层平面，从而增加绿化面积。设计将商业部分放入底层，以免受到德里极端气温的影响。与折叠地平面概念相对应的还有空中花园和露台，楼宇的上层提供了休息区，将建筑变成垂直的景观环境。

这个综合开发项目所面临的挑战，是在没有任何地标和公共空间的城市中创建一个具有里程碑意义的建筑物和真正的公共空间，并且在印度北部这种恶劣沙漠般的气候中为人们提供愉快的户外体验.项目开发的核心是一条户外购物街，使其在视觉和空间上不同于该地区的其他零售开发项目。

空间的设计灵感来自于印度市场，它能够为人们提供丰富的体验，不受阶级差异的影响，且充满生命力。通过松散堆叠和移动箱形的建筑形态，可得到动态组合，无论是从南侧的建筑正面，还是从办公楼往下，外部建筑结构都能给人带来动态且千变万化的体验。

Paras Quartier

巴拉斯住宅区

2012—2016年

建筑设计，室内设计

高层住宅开发

古尔冈，印度

这座由 WOW Dlab 团队设计，位于古尔冈大都市内的一个高档住宅开发项目，周围有迷人的绿色植被，远近葱翠景色一览无余。

建筑群中的标志塔呈螺旋式上升，受庭院式风格启发的设计和环绕式的阳台，使居民可以随意选择在室内或室外体验生活。该项目的工作范围包括建筑建筑和室内设计，为用户提供了完整的居住体验，也将古尔冈的豪华生活提升到新的水平。

西海岸高尔夫别墅会所

2004—2006年

建筑设计，室内设计，景观设计

乡村俱乐部，住宅

海南海口，中国

随着中国大陆富裕人口的快速增长，豪华住宅的需求也在增加，客户需要在毗邻海口市西海滩的高尔夫球场内建设一个拥有 360 户的豪华住宅区，这在海南岛上是首个门禁社区。

事务所创造了富有传统风格的现代化度假生活方式，联排别墅和独栋别墅的基本建筑概念是用现代风格演绎传统的中国庭院类型。虽然联排别墅和独栋别墅的现代格调无从掩饰，但建筑类型设定了一系列的活动和体验，从而让人感受到层层推进、愈见幽静的中国传统庭院花园的印象。

亚龙湾5号别墅酒店

2004—2005年

总体规划，建筑设计，室内设计，景观设计

度假别墅酒店

海南亚龙湾，中国

事务所的客户希望在著名的亚龙湾一带建造一个具有标志性的旅游住宅区，并使市场接受此类型的项目，以取得商业上的成功。该住宅区面向高尔夫球场，与海岸线有一段距离。事务所提出打造“中国南海乡土风格”度假村的设计，取得了巨大的成功，不仅创造了房地产价格销售纪录，而且还成为当今海南随处可见的破坏性小、高密度绿色住宅的先例。事务所的设计围绕环境可持续发展景观，融入水域和郁郁葱葱的花园，实现“村落群”的理念。每栋别墅类型都立足于市场需求，无论是家庭、企业还是个人，都能在中国热带地区寻求一个温暖的冬季。这座建筑将东南亚热带风情和中国四合院建筑风格融合在一起，以表达对四合院的无限敬意。

Shizhi Hainan

海南世知度假酒店

2008—2012年

总体规划，建筑设计，室内设计，景观设计

度假酒店

海南三亚，中国

海南世知度假酒店是一座现有的四星级酒店的扩建部分，随着前往海南的高端休闲旅客逐渐增多，业主希望赢得更大商机，因此委托 WOW Dlab 团队设计并扩建度假酒店。

整个项目开放式的热带建筑设计促进了人与自然的互动。总体规划中引入了“深泻湖”的概念，将海洋与别墅和酒店相连，其灵感源自于中国传统的“借景”手法。

Shizhi Hua Shan

华山世知大酒店

2010—2016年

总体规划，建筑设计，室内设计，景观设计

酒店，别墅和水疗中心

陕西华阴，中国

这座酒店建筑群位于中国道教名山之一的华山脚下。华山拥有着很浓厚的传说色彩，人们敬仰其丰富的生物多样性，同时也崇拜其历时多个世纪的文化积淀和历史意义。

WOW Dlab 团队的总体规划是通过修复和重塑景观及地形，将一个棕色地块（一个老花岗岩采石场）改造成一块绿地。

一家提供 236 间客房的五星级酒店与拥有 400 间客房的四星级酒店相连，构成了酒店综合体。事务所将建筑设计为一处景观，使酒店模仿面前华山的壮观景象，并把概念延伸至室内设计之中，营造在洞穴内的生活氛围。

Traders Hotel Singapore
新加坡商贸饭店
2004—2005年

室内设计

酒店客房，套房，俱乐部酒廊

新加坡

商贸饭店的重新装修旨在吸引不断变化的旅客人群，包括年轻的商务旅客、亚洲游客、女性和退休的欧洲人士。事务所采用战略性的设计方法，以实现提高资源生产力，减少浪费和寻找成本有效替代品的目标，并结合一系列以传统贸易和旅游为主题的现代高品质材料，打造出典雅华丽的效果。

通过采用点载荷和悬臂式木制品的定制设计家具，事务所将对有限的地面空间的影响降低至最小。胡桃木、乌木、缟玛瑙和绳绒线等温和的材料为旅客了带来充分的触觉和视觉体验。

通过对每个元素的严格评估，包括家具和材料的全面测试和原型设计，实现了设计上的创新。

La Residenza
乐居公寓
2008—2009年

室内设计

服务式公寓

新加坡

在新加坡河沿岸仓库区的中心地带，有许多高档的城市阁楼公寓，这些公寓是由废弃的工业用房翻新而成。同样，乐居公寓的前身是位于国敦河畔酒店大堂之上的双层舞厅，改建后成为一座城市阁楼公寓。它是新加坡第一个引入酒店管理的服务式公寓，19 间城市阁楼公寓可以欣赏到新加坡河及远处城市天际线的景色，满足了年级较轻、品位独特的长期住宿客人的需求。公寓设有独立的前台、大堂、休息区和健身房，酒店的独特性得到了体现。每间套房都给人以视觉感官的和谐，让人有宾至如归的体验。

Carlton Hotel Singapore

新加坡卡尔登酒店

2012—2013年

室内设计

酒店，度假村

新加坡

获 2013 年“希雅-瑞吉尔”浴室设计大奖

卡尔登酒店的翻新项目对事务所来说是一个挑战，因为事务所要满足客户的期望，创建连通性更好的家居式环境，这促使事务所重新审视未来十年可持续酒店客房设计上的挑战。针对各类人群，包括从航空公司年轻机组人员到行政商务旅客和退休的游客，传统的酒店客房被开放式概念工作室所取代，提供生活、工作和睡眠环境，并最大限度地提升了酒店与布拉斯巴萨（Bras Basar）和福康宁公园文化区之间的联系。

传统的酒店客房浴室区域是一个内部机械通风的黑暗区域，事务所将其替换为开放式的工作和休闲室，使盥洗、更衣和迷你吧的区域不再界限分明，可享受自然采光。事务所重新设计了工作区空间，采用了最大化视频会议效果，并创建了休闲工作区，而非传统意义上的工作空间。

Shangri-La Rasa Ria Coast Restaurant
香格里拉莎利雅海滨餐厅
2002—2004年

建筑设计，室内设计
餐厅
哥打基纳巴卢，马来西亚

这家海滨餐厅和酒吧室内设计和建筑形式的灵感来自于度假酒店周围水域中海洋生物的多样性，它仿佛海滩上的水母，柔软而晶莹剔透，轻轻地在白色的沙滩上休憩。轻盈的建筑结构由钢材和混凝土组成，尽可能的奸情重量，以配合轻薄透明的屋顶。客人穿过度假酒店的花园，可以享受到落日霞辉。晚上，道路两边铝合金杆上的点点灯光似萤火虫般飞舞。

Taj Airport Garden Hotel
泰姬机场花园酒店
2005—2014年

总体设计，建筑设计，室内设计，景观设计
商务酒店
塞杜瓦，斯里兰卡

本项目是对带有成熟花园的现有酒店的扩建，包括新的大堂、水疗中心和特色餐厅。整座酒店以生态景观为主题，横跨红树林沼泽和椰子种植园，设计的灵感来自于斯里兰卡建筑师杰弗里·巴瓦的作品。

事务所的目标是通过将巴瓦先前的作品融入更现代的设计语言，同时保留地方色彩、维持简单的建造方式，采用坚实的材料，以获得良好的体验，从而将斯里兰卡的现代建筑提升到更高的层次。

reo Waterfront

伊瑞尔临水会所

2009—2016年

总体设计，建筑设计，室内设计，景观设计

休闲会所

卢迪亚纳，印度

这一风格鲜明的会所是占地 200 余公顷的住宅乡镇开发项目的一部分，以满足当地大量富裕家庭追求奢华生活方式的需求。会所的设计灵感来自于旁遮普丰富的农业遗产，以及由勒·柯布西耶和 20 世纪 50 年代的现代建筑运动引入印度北部的强烈的现代建筑风格。

尽管流于形式，该会所却很好地将现代设计的感性与传统元素的稳重融合到了一起。位于项目中轴线上的庭院水池向旁遮普（意为“五河之地”）的五条河致敬。这些河是农业经济的生命线，尽管该地区干旱少雨，却仍能满足广泛的灌溉和农业生产。

Arya Sky Villa

阿利亚空中别墅

2005—2010年

建筑设计

公寓大楼

孟买，印度

这座高端住宅项目围绕“空中别墅”概念而设计，住宅拥有 12 个独立单位，包括 3 个复式单元，它的开发为孟买的豪华生活设定了新的标准。公寓每层只有一个单元，居民可享受私人入口和别墅般宽敞开放的感觉。

当两种不同类型的单元被“堆叠”在一起，建筑物的体量和立面就会产生一些孔隙，并产生错综复杂的体积变换效果。住宅单位的典型空间被花园和水景分隔开来，复式公寓内腾出了虚体空间，提升了室内空间的质感。

KiliTowers

奇丽塔

2008年

建筑设计

酒店，服务式公寓

达累斯萨拉姆，坦桑尼亚

这座楼高 16 层的混合用途发展项目原为一家现有酒店的扩建部分，事务所致力于将其未充分利用的停车场转变为功能空间，为业主和酒店创造更多的价值。

设计采用了东非的景观元素，如岩石、泥土等，寓意生命繁衍的环境。有质感的混凝土作为建筑材料，象征了岩石形状是由地壳构造板块的碰撞形成的。抽象的构造体量可扩建绿色屋顶、墙壁和阳台，将建筑物转变为富有生命力的绿色有机体。

Mega Kuningan Towers

美嘉谷宁冈塔

2011—2016年

总体规划，建筑设计
多功能商业，住宅开发
雅加达，印度尼西亚

事务所的目标是在雅加达金三角中心地带的美嘉谷宁冈圈创建一个真正的公共场所，以改善不利于行人出行的街道环境。

在城市设计导则的限制下，事务所在雅加达创建了独特的综合性建筑类型，它拥有主要的公共区域，包括下沉广场和高层零售商场。这些特点都有助于利用行人空间，增加视觉上的连通性。

在建筑设计上，办公大楼拥有现代化高性能的外表，优雅而历久弥新。

建筑设计，室内设计
商务，旅游度假酒店
阿鲁沙，坦桑尼亚

阿鲁沙是坦桑尼亚塞伦盖蒂平原的门户城市，也是东非重要的外交中心。萨巴酒店周围有郁郁葱葱的绿色美景，并种植许多大型成熟树木，清澈的山涧溪流从中穿流而过。在五年的时间中，事务所被委托设计和重新设计萨巴酒店和别墅，客户寻求规划许可，要在阿鲁沙引入一个可持续性的世界级酒店。这些项目根据不同的设计任务书和酒店运营商的要求而设计，针对各种构想设定各自的商业模式。萨巴酒店的第一个设计版本是单边走廊式建筑，形态仿佛微微倾斜的“悬崖”，可眺望远处的梅鲁火山和乞力马扎罗山的壮丽景色。

建筑设计，室内设计
商务，旅游度假酒店
阿鲁沙，坦桑尼亚

萨巴酒店的第二个设计方案是低层双边走廊式建筑，整个结构被设想为一座绿色的“小山”。这个方案的酒店由青翠而宽阔的绿色阳台组成，使用“树干”和“树冠”作为设计语言，回归自然表达的建筑形式。客房和公共区域采用自然通风，以利用温和的气候条件，空调只需要在盛夏时使用。场地规划对自然环境影响小，最大程度地保护现有树木，使其拥有真正的绿色和葱茏清翠的酒店环境，为游客野生动物园之旅提供放松而平静的氛围。

Hyatt Hotel Saba Saba
凯悦萨巴酒店
2012—2016年

建筑设计，室内设计
商务，旅游度假酒店
阿鲁沙，坦桑尼亚

当凯悦酒店集团被确认为酒店的运营商后，事务所重新修改了 2012 年的酒店体验设计方案，将酒店改变为野生动物园游客旅途中的一个酒吧。此外，酒店也被定位为这座著名的东非城市中首屈一指的商务和会议酒店。因此，酒店的设计极具都市化，而且很别致，并与景观相融合，营造了一个放松的度假村氛围。事务所的全面性设计方案能够利用东非丰富的地理和文化资源，同时向这个快速发展的地区引入许多现代设计和宜人元素，打造出一个完整而和谐的环境。

Raffles Park

莱佛士公园

2011—2015年

总体规划，建筑设计，室内设计，景观设计

别墅，会所

班加罗尔，印度

本设计旨在将莱佛士公园打造成一个标杆，项目由新加坡开发商建造，重点突显如何在印度实现绿色和高品质建筑的开发。项目核心是建造一个葱翠的中央公园，使现代化的热带别墅围绕公园而建，每个别墅都采用印度传统的“风水学”设计原则，围绕中央庭院，并充分利用远近绿色的花园。与采用“风水学”原则的家庭空间规划不同，本设计在每个楼层和相互连接的楼层上利用大跨度空间，将有限的空间区域扩大，使其成为一个真正开放和通风良好的家。

项目坐落于西贡河的上游，远离中央大都市区，创建了一个新的村庄类型，村庄中街道两旁绿树成荫，沿河岸边布局的社区俱乐部位于中央绿色村庄。别墅由当地的砖和石块堆砌而成，每栋房屋都有大小各异的园林庭院，且配有绿色屋顶露台。

万豪酒店是万豪集团旗下的精品酒店系列，每座酒店都有其独特的故事背景和设计特色。事务所受客户委托创建一栋海滨酒店和服务式公寓大楼，事务所的设计方案是创造一种建筑语言，在视觉和体验上将海洋、冲浪、沙滩和三亚温暖的热带天空联系在一起。低层体现海洋环境和海滩，而高层直达云霄，宽敞的阳台和大窗使人尽享迷人美景。

Vanke International Health and Wellness Resort Esidences
万科国际健康疗养度假村
2010—2014年

总体规划，建筑设计，室内设计，景观设计

住宅度假小镇

三亚，中国

总体规划要求建造各类度假住宅，包括小公寓、中小型联排别墅和独栋别墅。WOW Dlab 团队负责住宅区和通过轨道与小径连接的区域，这些轨道和小径明确地将住宅分为高层区和中低层区。较大规模的公寓楼有一室和一室一厅公寓单元，事务所将其设计为景观风格的山丘城镇，在视觉上与周围的山丘融为一体。较小规模的联排别墅和独栋别墅形成聚集的社区，每个社区都有自己的微气候、景观和行人道路。

Vanke International Health and wellness Resort Town Center

万科国际健康疗养度假村

2010—2014年

总体规划，建筑设计，室内设计，景观设计

住宅度假小镇

三亚，中国

受万科集团委托，事务所需要在三亚设计一个占地500公顷的健康养生型山村度假村。作为总体规划理念的一部分，事务所设计了一个城镇中心，供居民进行娱乐和文化活动，并在三亚创建健康旅游圣地。该设计以街道和庭院为基础，融合了各种亚洲建筑类型和现代本土建筑风格，并创造了完全适宜于步行的环境以满足游客的休闲和娱乐需求。设计概念的关键是将景观和环境图案融入到设计中，为小规模和狭窄的街道提供阴凉，也方便游客寻路。

Al Barari
铝伯拉里豪华别墅
2008—2009年

总体规划，建筑设计
酒店，商业，住宅
迪拜，阿拉伯联合酋长国

这个集开创性社区、休闲场所、度假村和住宅一体的别墅由一个设计主题编织在一起，该主题讲述了伊斯兰教的历史，包括起源于公元9世纪格拉纳达的阿尔汗布拉宫，到波斯、印度和东南亚的故事。

项目借鉴了中东文化的建筑遗产，其主要特色是对城市和非城市建筑做了当代的重新诠释，项目包含了商业、生活和景观元素，富有丰富多彩的生命力。

项目重点关注水这一宝贵资源，在规划社区时，大量使用了水元素，以展示沙漠环境中对水的有效管理。

reo Victory Valley

尹瑞尔胜利谷

2009—2015年

总体规划，建筑设计 & 景观设计

高层住宅开发

古尔冈，印度

这个占地 10 余公顷的开发项目包括联排别墅和高层住宅楼，其中楼高 50 层的“胜利之塔”（Victory Tower）将成为印度北部最高的住宅大楼。

立于德里农耕区边缘的古尔冈正在向大都市转变。随着开发项目取代多产的农田，本项目希望通过鼓励高层住宅种植绿色植物，以弥补景观原色的缺失。将现有农田规划网络作为规划基础，并根据设计任务书要求将建筑发展为“居住型垂直农场”。为了进一步整合景观，事务所将印度现代都市生活节奏的抽象图形表达与附近的阿拉瓦利山脉相结合，产生自然而充满活力的波浪造型，打破了传统高层建筑单调、规则的形态，使其与不断发展、充满活力的环境产生共鸣。

njaz Square

尹杰斯广场

2008年

建筑设计

豪华住宅，商业楼

迪拜，阿拉伯联合酋长国

在商业湾和迪拜塔区这两个现代和传统城市规划区的边界处，坐落着这座七栋住宅楼项目。项目旨在将阿拉伯联合酋长国定位为中东地区的全球商务和商业中心。阿拉伯语“wadi”是在大雨后形成的浅水域和小河道，也是这个项目概念的核心，在通常不利于栽培植物的建筑中打造出小型绿色植物空间，小河道与干旱的阿拉伯国家的生活和人口分布中心密切相关，因为它们是地下水的重要来源。因此，生命能够在最艰苦的条件下去适应和繁衍，项目的概念正是受此启发。

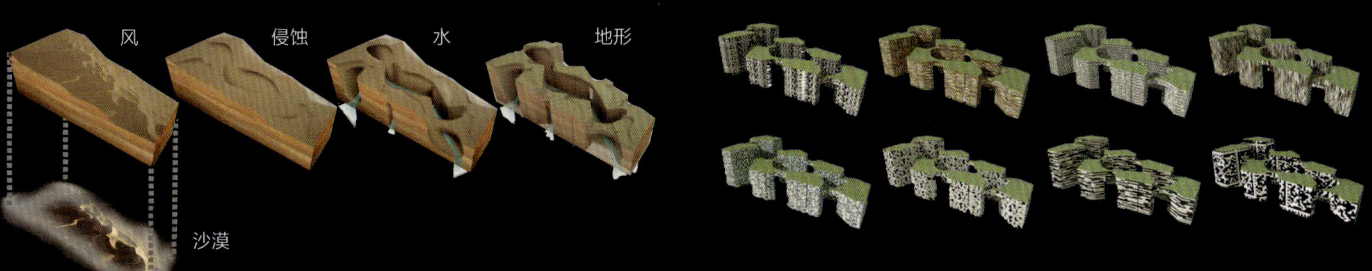
风
侵蚀
水
地形
沙漠

Solaris

索拉里斯综合体

2008—2015年

总体规划，建筑设计，室内设计，景观设计

多功能性商业开发

吉隆坡，马来西亚

索拉里斯综合体的设计是基于打造集住宅、商业和生活于一体的建筑群的愿景。WOW Dlab 团队设计的总体规划要求创建一个三维城市生态系统，将房地产与公园系统相结合，进而使其与附近的清真寺密切融合。整体开发是为用户提供教育和互动体验。

开发商的愿景是采用绿色发展的模式，设计任务书的一部分是使整个项目达到新加坡建筑局（BCA）绿色标志金奖级别。鉴于此，在适度的预算限制下，除了满足商业需求外，所有建筑物的设计在环保技术方面都必须具有创新性。

AERIAL VIEW - SOLARIS

Ara Greens

阿拉绿地

2010—2015年

建筑设计，室内设计，景观设计

世代公寓

八打灵再也，马来西亚

本方案是由 WOW Dlab 团队设计的几代同堂的住宅社区，阿拉绿地从为实现绿色生活而利用生态模拟和环境技术的概念发展而来。该项目将有资格获得新加坡建设局（BCA）绿色建筑白金奖，这反映了开发商立志成为对社会和环境可持续发展负责的领导者的决心。

在植物繁殖时，基于生长中的根茎生长系统，横向的地下茎会向土壤下方生长新根，并向地表上方生长新茎，这个项目的建筑概念正来自这种植物根茎的生长方式，寓意着这座建筑将使世世代代居民与社会和环境和睦共处。

St Regis Maldives

马尔代夫瑞吉度假酒店

2011-2015年

建筑设计，室内设计，景观设计

度假酒店，水疗中心

马尔代夫

“人间天堂”的品牌理念是该豪华度假村的发展推动力，引入的建筑、室内设计和景观概念体现了一种新的生态意识，与生活方式概念相协调。泻湖、海滩、海岸和丛林这四种生态系统都体现在度假村的体验式设计中。建筑形式从海洋动物、传统的马尔代夫船只和对原始小屋的现代解释中获取灵感。室内设计强调优良的工艺、简单的材料和回收利用的工艺品，景观设计侧重于环礁的自然生物多样性体验，旨在培养环礁生态意识，同时为客户提供人间天堂的体验。

Conrad Manila Bay

马尼拉康莱德湾综合体

2012—2015年

建筑设计，室内设计，景观设计

酒店，零售

马尼拉，菲律宾

事务所受开发商委托设计一个海滨综合性开发项目，作为整个亚洲购物中心的一部分。事务所以娱乐和酒店服务为主进行设计，包括拥有300间客房的豪华酒店，底层为高端购物和餐饮生活购物中心。

裙房的体量朝向海滨长廊，宽阔的平台提供趣味性的餐饮和娱乐场所，与水边的精彩活动互为补充。

酒店被设计为一个城市度假村，坐落在裙房顶部的华丽园林景观中。酒店顶部设有宽敞的公共空中公园 . 酒店提供休闲和娱乐设施，还可以让游客一览马尼拉湾的美景。希望本项目的建设能够将文化和娱乐活动推向新的层次，并将带动该地区类似性质项目的进一步开发。

Intercontinental Hotel, Lake Taihu
太湖洲际大酒店
2013—2016年

建筑设计，室内设计，景观设计
酒店，度假村
江苏苏州，中国

这家拥有 300 间客房的湖畔酒店是苏州旅游局致力于引进高品质酒店产品，以带动太湖西北岸发展计划的一部分。因此，事务所参照文化传统并引入前卫的设计语言来表达这一建筑风格，让人尽情享受湖景，并将建筑和景观和谐地融为一体。建筑群融入周围的山丘，设计了各种庭院和露台，向苏州的艺术和文学文化致敬。宽敞的花园和别墅具有浓厚的传统特色，连接湖滨公园和太湖。

附录

关于我们

黄超文

实践

2000 年，我们创立了“华纳·黄设计”公司，三年后又成立了 WOW 建筑事务所。在亚洲金融危机之后的一段不稳定时期，我辞去了日建设计国际有限公司（Nikken Sekki International Ltd）设计总监的职务，并与玛利亚一起进入新的领域，创建了一个多领域的设计实践机构。凭借我们早年在大型企业和小型精品团队实践的经验，我们很顺利地创建了一家同时具备这两种特质的新公司。

因此，从创立伊始，“华纳·黄设计”公司和随后的 WOW 建筑事务所的核心是多领域价值观引导设计，系统组织优势互补，从而形成灵活而颇具个性的创意机构。之前的公司和专业协会的同事也加入我们，并组成了组织有序的梦想团队；大家注重合作的价值，都不希望陷入既定风格与形式的藩篱，可谓志同道合。

我们相信，不断变化的世界需要具有丰富体验和振奋人心的空间和场所。从早期成长期开始，公司成员就致力于实现这一目标，我们的建筑、景观和室内设计在策略上重视创造力的发挥，这种创造力是基于调查、研究和适宜得技术之上的。拥有炽热的好奇心并渴望创造有意义的场所及空间，以及对制造工艺不懈追求的激情，是我们所有人进步的动力。

我们把公司营造成一个有趣而不失严肃的地方，在这里，我们重视商务和人际关系，努力追求卓越的文化。这并非易事，当今社会，想实现创新设计与商业实践的平衡更是难上加难，但是通过不断的系统调整和资源管理，我们取得了长足的发展。

我们的专业背景和经验使我们能够在公司内部将良好的设计与优秀的商业实践相结合，同时，我们也能够成为客户的顾问，所取得的成绩令人信服。再加上玛利亚与生俱来的组织能力，以及对情绪引导和作为设计过程一部分的可持续生态实践的深刻见解，我们相信 WOW 建筑事务所是一个超越传统专业模式的全面型设计公司。我们扩展了服务领域和资源，将 WOW Dlab 团队和 WOW 设计工作室作为合作工作室，以涉足新的领域和设计学科。

随着 WOW 团队的发展及其不断增加的使命，我们积极提高技能，磨练工艺，致力于使每个项目都能极大地丰富建筑环境，带来更多的体验。

从项目开始，我们为客户提供广泛的咨询服务，组建项目团队，其中包括从商业咨询团队到经验丰富的顾问团队。我们与客户一起制订设计任务书反映其愿景，以及确保项目盈利的合理时间表和预算。我们与工程师、项目经理、景观照明设计师、建筑成本估算师以及视听设计师、厨房规划专家、声学家和景观专家等沟通合作，这是我们为客户创造价值的基础。

我们将设计从概念发展为实体项目时需要很多人紧张地设计和合作，顾问、客户、建筑商、经理和设计师被强大的理念及整个团队为之奋斗的愿景团结在一起。如果没有共同的愿景，各种不同意见和各项事务的优先等级会使项目停滞不前，因此，让庞大的项目团队接受以客户为中心的愿景是十分必要的。在项目的第一个阶段，当形成一个团队达成共识的概念时，就需要激励其他团队成员，并通过执行阶段推动项目。在团队成员收集数百个图像，最终将若干关键图像形成概念的图标。这些图像为项目过程中的关键参与者共享，组织讨论，碰撞出思维的火花，有助于共享项目的品质要求和共同愿景。

我们有幸在许多国家和文化中工作，需要很长时间去了解客户的价值观。我们设计过项目最多的两个地方是印度和中国，这两个国家的客户在价值观上存在着巨大的差异。我们在中国的事业始于 20 年前，包括上海新天地和海南三亚亚龙湾 5 号项目，后者是中国早期豪华度假别墅开发项目之一。虽然中国客户希望在他们的顾问团队中引入国外人才，但他们对中国文化和语言知识的强烈偏好仍然是我们团队的强大资产。印度则不同，客户选择我们，是因为我们有独特的视角和新的想法。尽管文化、商业惯例和行业存在差异，但是我们的亚洲客户普遍存在一些基本的相似之处，相互信任的关系也是项目成功的基础。及时提供合格的成套图纸，使客户对我们充满信心，同时他们也会遵守约定条款并及时支付报酬，从而使整个顾问团队尽最大能力地提供服务。

不同的文化环境和经济环境为我们提供了非常多的实践机会和条件，也使我们有机会学习不同的项目实施方式。同样，项目实施方式因人而异。经过在某地区几十年的工作，我们总会对客户独特的文化和习

俗感到惊讶。在不同的文化环境中解决问题和实现愿景的经验，使我们具备了解决问题的技能和优势。多年来，我们遭遇了很多看似不可能完成的任务，但随着团队力量的不断增强，我们解决问题的能力、领导能力和源源不断的创新理念，使我们依然在未来充满信心。

在职业生涯早期，我们能够本能地对一个地方做出回应，加上设计和沟通技巧上的不足，我们更加专注于场所营造和空间体验，而不是形式创作。对空间的体验需要我们充分调动感官。建筑和设计根据外部形式、功能空间关系、经济驱动因素和客户需求而开发，但在我们的设计中，最终会把项目发展为一种空间体验，在某种情境中身体通过感觉并依赖记忆形成印象和参考。无论用户是否意识到这种体验，它都会对记忆产生影响。当我们设计一个空间时，我们有意识地努力通过对地方、文化和工艺的认知来利用这种感官。我们相信，使感官愉悦的驱动型设计将产生更有意义的体验。在我们职业生涯的早期，我们挑战自己，去找到一种设计方法，让使用者在更深层次和个人层面上都参与其中。我们尝试理解一个人是如何体验空间的，并理解与周围空间相关联的物质、精神和个人行为方式。

我们充分意识到空间设计是如何影响我们感官体验的，虽然我们对于自然元素具有高度审美化倾向。对我们来说，记忆是体验的最重要的组成部分。对其他环境的借鉴加上空间表达会让人形成难忘印象，是材料、传统、光、自然、舒适度、特色或历史相互作用的结果。我们已经注意到空间对其他人，例如我们的客户、学生或员工的影响，吸引着我们设计住宅和酒店，因为它们根植于特定的地方，并深深地与记忆相连接。我们会倾听他人对空间体验的描述，分享他们的感觉、情绪或与空间联想。

团队

我们坚信，才华横溢和尽职尽责的员工组成的集体所蕴藏的潜力是公司的最大财富，我们重视团队为工作室带来的多样性文化，特色和才能。然而，将我们团队结合在一起的是一套核心价值观，它塑造了我们的文化，并指导着我们的决策。我们重视团队合作，致力于创新和多元化发展，坚持追求卓越设计，并承担社会和环境责任，尊重我们的员工、社区和客户也是我们一贯的作风。

在平日的办公中，我们负责一系列设计工作室的运营，由主要负责人主导研究和技术驱动型流程的设计。我们的设计先由团队在内部进行讨论和评价，便于评估项目的优势。传统的工作方式是建筑师通过图纸来传达执行策略，将其转化为蓝图。在越来越复杂的世界中，当今的设计师拥有了更多的沟通工具和手段来探索和开发空间模型，例如 3D 模型、照片写实插图、材料采样工具和实体模型或原型。图像也是我们设计过程的重要组成部分，正如所设想的，我们收集图片，提取基本问题，并结合图纸、模型和图表来多方面体现。结合所有这些表现和概念化模式，只要情况允许，都能够在很大程度上呈现实验和原型的成果。

我们公司的团队有建筑师和受过设计培训的专业人士以及其他支撑团队，他们都有追求卓越的热情，以便确保高品质的项目成果。团队发展是有机而持续的过程，我们非常清楚，团队的成功源于才华横溢的建筑师、室内设计师、技术人员和管理人员的团队协作。

创始人

黄超文（Wong Chiu Man）

玛利亚 · 华纳 · 黄（Maria Warner Wong ）

黄超文先生是“华纳·黄设计”公司和 WOW 建筑事务所的董事及总经理。自 2000 年成立 WOW 建筑事务所以来，黄超文一直主导着公司的发展，他建立了一个多领域的实践网络，并屡获殊荣，在亚洲和其他地区均有出色作品。

凭借 25 年的国际行业经验，黄超文引领着 WOW 团队的业务发展和设计方向，并致力于研究、开发新的设计范例和研究驱动型的创新，他还成立了 WOW DLab 和 WOW 设计工作室，凝聚了一大批的志同道合者。

黄超文独具特色地结合了亚洲遗产与国际设计经验，率先在中国、印度、马来西亚、印度尼西亚、斯里兰卡、阿联酋、尼泊尔、菲律宾、坦桑尼亚和澳大利亚完成了著名的酒店、商业和住宅项目，以及零售开发项目的设计。

在成立 WOW 建筑事务所之前，黄超文是新加坡日建设计国际有限公

作为“华纳·黄设计”公司和 WOW 建筑事务所的设计总监，玛利亚·华纳·黄女士致力于建立一个基于国际标准的世界一流设计服务咨询公司，提供亚洲和国际设计的独特混合体。项目经验包括在新加坡、马来西亚、菲律宾、中国大陆及香港，以及印度的酒店、商业和住宅项目。

玛利亚女士在墨西哥成长和接受教育，曾在美国、日本和新加坡的建筑公司从事大小型各类项目工作。在美国，她与著名的希腊建筑师帕诺斯 · 寇勒莫斯（Panos Koulermos）合作。在日本，她曾与日本株式会社日建设计（Nikken Sekkei）合作。从 1993 年到 2003 年，玛利亚在视差设计(Parallax Design)公司管理多领域设计咨询公司，主要从事室内设计、总体规划、景观设计和改建项目。此外，她还在新加坡国立大学教授建筑设计专业，以平衡她在实践、学术和独立研究方面的兴趣。

玛利亚·华纳·黄拥有南加州大学建筑学士学位和哈佛大学设计研究所建筑硕士学位。

所获奖项

SINGAPORE INSTITUTE OF ARCHITECTS (SIA)
ARCHITECTURAL DESIGN AWARD 2013
Archifest Zero Waste Pavilion

SINGAPORE INSTITUTE OF ARCHITECTS (SIA)-
RIGEL BATHROOM DESIGN AWARDS-
HONOURABLE MENTION 2013
Carlton Hotel Singapore
Chiltern House

PRESIDENT'S DESIGN AWARD, SINGAPORE 2013
EXHIBITION DESIGN SHORTLIST
Archifest Zero Waste Pavilion

WORLD ARCHITECTURE FESTIVAL AWARD 2013
Hotel |Leisure Project of the Year
Shortlist: Vivanta By Taj Gurgaon
Display Project of the Year Shortlist:
Archifest Zero Waste Pavilion

CNBC AWAAZ TRAVEL AWARDS 2013
Best Hotel Architecture: Vivanta By Taj Gurgaon

ARCHITIZER A+ AWARDS 2013
Pop-Up Category Finalist: Archifest Zero Waste Pavilion

SINGAPORE INSTITUTE OF ARCHITECTS
ARCHIFEST 2012 INNAUGURAL PAVILION
DESIGN COMPETITION
Winner 1st Prize

WORLD ARCHITECTURE FESTIVAL AWARD 2012
Hotel |Leisure Project of the Year Shortlist:
Vivanta By Taj Yeshwanthpur
Future Building Project of the Year
Shortlist: IREO Victory Valley

LEAF AWARDS 2012
Commercial Building of the Year : Vivanta by Taj Bangalore

SINGAPORE INSTITUTE OF ARCHITECTS (SIA)
ARCHITECTURAL DESIGN AWARDS 2010
Building Of The Year
Hotel |Commercial Project Design Award
Hotel |Commercial Interior Architecture Design Award
Vivanta by Taj Bangalore

BCI GREEN DESIGN AWARD 2010
Citation: Bishopsgate House

DESIGN SINGAPORE PUSH SHOWCASE 2010
Special Mention: Vivanta by Taj Bangalore

IAD (INTERIOR AND DESIGN, INDIA) AWARDS 2009
2nd Place, IAD Best Architect, Hospitality
3rd Place, IAD Best Interior Designer, Hospitality
Vivanta by Taj Bangalore

PRESIDENT'S DESIGN AWARD, SINGAPORE 2009
Honourable Mention: Vivanta by Taj Bangalore

DESIGN FOR ASIA AWARD 2006
Commendation: Jim Thompson, MyThai

Vong Chiu Man | Maria Warner Wong | James Tan | StephenSiew |
Shirlee Garcia | Raymond Hoe | Dongmin Shim | WarrenLiu Yaw Lin |
Syarief Santoso | Feng Xinyu | Daniel Mei | MakHon Yue | Christopher
Lee | Zhan Xiao Yi | Janet Chia | AmzahBin Samion | Alaine P Lopez
Mylon Usbal | Rj Damole | RobinCalma | Alam Mulyana | Catherine
Mendoza | MichelangelaSalvador | Cheong Wen Hui | Yvonne Yung
Keong Pei Yi |Saori Fukui-Chen | Nicholas Hung | Noemi Escano |
KaniaKusumadi | Deedee Marini Suherman | Lee Yun Chiun | RayLoh
Chian Soon | Rhoda Wee Yan Qui | Tan Shi Han | AtsukoKato | Ham
Yen Wei | Adeline Yeo Xiu Yun | Nussara Sonsart| Chian Lan Pin
Mark Diaz | Joanne Lazaro | Juan AndresDiaz Parra | Karla Mae
Valencia | Ilyn Tangonan | Chan LooSiang | Eugene Lim | Mohanadass
Muthukannu | DesmondOng | Andreas Ohlsson | Abhishek Pandey |
Thomas Lam| Steve Marsden | Eva Ding | Stephanie Wan | Melissa
Ang |Lionel Teh | Lai Chee Seng | Nicky Shanmugam | Susan Tan
Francesca Dubbini | Tan Kwang Tak | Fredlander Pampuan |Ivan
Pranata | Prabhu Sugamar | Fernando Dias Velho | SioLim Siow Yuan
Evelyne Sam-Soon | Chan Loo Siang | ChongChai Yen | Tan Kar Eng
Wu Yen Yen | Luke Lim Tien Sung | LiowTing Teng | Muliadi | Ong

Seow Kek Leong | Ulrich Schwarz | Joey Lim | Loh Kah Wai | Agung
Pamudji | Livia Lestari | Shanty Mulyadi | ShannonHuang | Elaine
Leung | Yesid Pardo Silva | Patrick Chong |Ayuni Abdull Aziz | Cherir
Tan | Peter Tse Chi Wai | Tulsi Grover |Denise Abesamis | Dionafe
Rojas | Nicholas Loh | GejaneMartinez | Joyce Malacaman | Chanida
Sae-Tang | Fiona HoYee Bee | Jan Michael Halili | Jay Tolentino Erosa
| Nolan Clark| Agnes Bukuhan | Sofia Del Mundo | Sarah Mercado
PriscillaCorpuz | Valerie Chen | Marc Ryan Lim | Angelica Dinopol
BenJ M Ong | Leoncio M Ong | Benjamin Calachan | Wang WenZher
| Jennefer Wong | Colin Lim | Ho Sue Lynn | Celena Fang |Irene Tar
| Eirfhana Jamil | Karen Loh | Sally Roydhouse | HeriDarmawan | Lim
Wei Qiang | Charles Kentish | Lee Sang Yun |Lee Gayeon | Charissa
Chan | Valerie Koh | Richard Crook |Kang Jung Ho | Christopher
Gerdes | Gabriel Na | Jamie Chow |Edith Cho | Jessie Lap | Marnfah
Kanjanavanit | Su Ju Kim | MariaTrujillo Olaiz | Gifford Zhang | Zhao
Shang | Jessica Ingwersen| Francesca Joyce | Julie Li | Tan Qingling
| Yin Qizhi | CherylLim Zi Ying | Ho Li Shan | Jakub Zoha | Jason
Tan | KennethKoh | Najung Cho | Marshall Penafort | Shirley Seah
| WangRouwan | Gui Tong Mei | Faith Wong | Chong Chai Yen | Go

致谢

我们有幸得到了许多人的支持，他们影响了我们作为建筑师和设计师的生活和事业。我们感谢这么多人的惠顾和鼓励，他们对我们至关重要，我们很荣幸认识他们，特别是因为他们对本书中工作的影响。

我们认可并感谢我们的合作伙伴、董事、负责人和工作人员，感谢他们无论是过去还是现在为华纳 · 黄和 WOW 建筑事务所的奉献和信任，给予我们的精神力量以及所做出的牺牲。如果没有他们的奉献和牺牲，我们就无法取得今天的成绩。

客户对我们的信赖和信任激励着我们创造改善他们生活中的设计。虽然我们仅提到了如下个人姓名，但我们深知，到每个伟大的客户背后都有一个支持和鼓励他们的家庭和商业组织，我对此深深感激：Hwang Yee Cheau 和 Teoh Teik Kee、Martin 和 Pat Huang、Vivian 和 Robert Chandran、Tatang Hermawan、Ali Albwardy 、Raj Kumar Ladha、Jindal 家族、Jhunjhnuwala 家族、Kay Goon 和 Edward Kuok、伊丽莎白和 Hans Sy、Ravi 和 Rohit Appaswamy、Bill Booth、Lalit Goyal 和许多其他客户，他们的项目正在建设中，我们一并感谢他们。感谢开发商和酒店组织，他们是我们的老顾客：泰姬、希尔顿、香格里拉、洲际、喜达屋、卡尔顿、万科、伊瑞尔、万迪卡和达达等。

特别感谢在工作和事业上影响和帮助过我们的人：Pamelia Lee、Pathma 和 Vimala Selvadurai、Mark Hediger、Sumit Guha 和 Jyothi Narang，以及 Christina Bautista。在我们作为建筑和设计专业学生的成长年代，他们对我们作品的爱，值得我们永远铭记：Panos Koulermos、Denise Scott Brown、Tadao Ando、Kim Coleman 和 Mark Cigolle、Stephanos Polyziodes、Carl Steinitz 以及我们在南加州大学和哈佛大学的教师和教授。在我们早期的实践年代和在我们的职业生涯过程中，我们有幸得到 Tay Kheng Soon、Albert Hong、Sonny Chan、Kesuike Naito、Kunihiro Misu 和我们之前在 Akitek Tengara、 RSP、Kajima 和 Nikken Sekkei 的前负责人和同事的指导和启发。

我们的行业合作伙伴和合作者是我们的顾问、建筑商、指导者和朋友，他们帮助我们使项目成为现实，同时也感谢他们持续的支持和愿景分享。这里要感谢 Sohrab Dalal & Sonali Bhagwati、Hossein Rezai Jorabi & Giuseppina Pravato、Chan Soo Khian & Nana Au、Henry Choo、Sean Ying、Margaret Lim、CT & Lilian Ang 和 Nelson Lee.

在本书的编辑过程中，我们没有降低对项目的严格标准。但是，之所以能够做到这一点，是因为有 Saori Fukui-Chen、Shirlee Garcia、Darlene Smyth、Leo Malinow、Oscar Riera Ojeda 和 Janet Chia 等诸位的耐心支持。

最后，最重要的是要感谢我们的家庭，感谢我们所有亲爱的阿姨和叔叔，特别是 Sek Pek、Nellie Ong、Sai Heng、Olive Wong 和 Catherine Lam，他们在我们的成长期给予了我们爱、资金支持和鼓励。我们也很感激 Nancy、Eduardo、John、Chi Yin、Siok Lan、Yi Lin 和 Vincent，以及我们的儿子 Alexander 和 Jon Oliver，他们与我们分享了冒险而激情的旅程，并在很多时候帮助我们保持这份激情。

工作人员

摄影

AARON POCOCK
Archifest Pavilion
Hilton Bandung
Bishopsgate House
Chiltern House
Orchard Residence
Mandala House
Sentosa Cove House
Sheraton Hangzhou
Vlvanta by Taj Bangalore
Vlvanta by Taj Gurgaon
Vivanta by Taj Yeshwantpur

ADRIAN CHAN
Archifest Pavilion

EDWARD HENDRICKS (CI&A PHOTOGRAPHY)
Bishopsgate House
Intercontinental Asiana Saigon

HARSHAN THOMSON
Vivanta by Taj Bangalore

PATRICK BINGHAM HALL
Hilton Bandung
Sunset Vale House

SEBASTIAN ZACHARIAH
Vivanta by Taj Bangalore

HILTON INTERNATIONAL ASIA PACIFIC PTE LTD
Hilton Bandung

INTERCONTINENTAL ASIANA SAIGON
InterContinental Asiana Saigon

STARWOOD HOTELS & RESORTS
Sheraton Hangzhou

EARNEST GOH
Team photography

LUKE BARTHOLOMEW TAN
Model photography

WONG CHIU MAN

MARIA WARNER WONG

LYNDON NERI

顾问

WEB Structures
Elead Associates
Nyee Phoe Flower Garden
Kew Chye Investments
Spazzio Design Architecture
Design Plus Architects
Peridian Asia
Optimal Designs Consulting Structural Engineers
PDW Architects
Creative Kitchen Planners
Bo Steiber Lighting
Axis Facade Consulting
Abhay Wadhwa Associates
Belt Collins International
Synergy Property Development Services

支持

TD Fabrics
Space Furniture
Pure Interior
Million Lighting Company
Percy Productions
Lux Light
Jim Thompson
Earth Arts
Romanez
Poliform Contract
Overseas Connections
Durall Systems
Bretz & Co

施工方

Daiya Engineering & Construction
Builders 265
Builders Trends
Join Aim
DHdeco
Sunray Woodcraft Construction

达琳·史密斯 (Darline Smyth)

作家、设计师。达琳出生于加拿大，1991 年毕业于加拿大渥太华大学，曾获通讯专业与音乐专业文学士学位，后来在加拿大戴尔豪西大学获得环境设计研究专业学士学位，并于 1995 年获得建筑学硕士学位，曾荣获多个奖项，包括校友会奖和领导服务奖。现在达琳是亚洲和澳大利亚多家建筑杂志的作家，这些杂志包括《Singapore Architect Journal》(新加坡)、《Habitus》(澳大利亚)、《In Design》(澳大利亚)，《Art4D》(泰国) 和《A + U》(日本)。此外，还为Bedmar&Shi 建筑事务所《5 in Five》和《The Bali Villas》两本书，它们均由奥斯卡 · 里埃拉 · 奥赫达负责出版。自从生活在亚洲以来，达琳在新加坡国立大学兼职教授建筑设计课程，同时与 Warren Liu Yaw Lin 在新加坡创立了 A. D_Lab 私人有限公司。在工作中，达琳专注于试验性住宅设计项目，致

林顿·内里 (Lydon Neri)

“内里 & 胡设计与研究办公室”(Neri&Hu Design and Research)的合伙创始人，这是在中国上海的跨领域国际建筑设计实践机构，被《Architectural Record》杂志选为 2009 年的“设计先锋”之一，被《Architectural Review》杂志授予新兴建筑 2010 年 AR 奖，并且是 2011 年度室内设计大赛总冠军。2013 年，林顿入选美国室内设计名人堂。2014 年，《Wallpaper *》杂志宣布 Neri & Hu 为 2014 度年度设计团队。林顿在加州大学伯克利分校获得了建筑学学士学位，并在哈佛大学获得了建筑学硕士学位。林顿还为一些品牌公司设计产品，包括 MOOOI、LEMA、Parachilna、Classicon、Gandia Blasco、Stellar Works、Meritalia、BD Barcelona Design 和 neri & hu 等。

奥斯卡·里埃拉·奥赫达 (Oscar Rieja Ojeda)

编辑和设计师，他工作在费城、新加坡和布宜诺斯艾利斯。奥斯卡于 1966 年出生在阿根廷，1990 年移居美国。从那时起，他已经出版了一百多本书，作品内容非常出色，以其完整的内容、永不过时的特色、精致和创新的工艺而闻名。世界各地许多著名的出版社都出版了奥斯卡的作品，包括ORO 版本、Birkhauser、Byggforlaget、Monacelli 出版社、Gustavo Gili、Thames &Hudson、Rizzoli、Whitney Library of Design 和 Taschen 等出版机构。奥斯卡也是许多建筑系列书籍的创作者，包括《Ten Houses》、《Contemporary World Architects》、《The New American House》、《建筑细节》和《单一建筑》。他的作品获得了许多国际奖项，被深入评论和引用，奥斯卡是该领域出版物的正式撰稿人和顾问。

图书在版编目（CIP）数据

WOW事务所作品集 /（美）奥斯卡·里埃拉·奥赫达著；王小斐，胡一可译．-- 南京：江苏凤凰科学技术出版社，2018.1

（世界知名建筑事所务作品集）

ISBN 978-7-5537-8524-0

Ⅰ．①W… Ⅱ．①奥… ②王… ③胡… Ⅲ．①建筑设计-作品集-世界-现代 Ⅳ．①TU206

中国版本图书馆CIP数据核字(2017)第185167号

世界知名建筑事务所作品集

WOW事务所作品集

编　　者	[美] 奥斯卡·里埃拉·奥赫达
译　　者	王小斐　胡一可
项目策划	凤凰空间/孙　闻
责任编辑	刘屹立　赵　研
特约编辑	孙　闻

出版发行	江苏凤凰科学技术出版社
出版社地址	南京市湖南路1号A楼，邮编：210009
出版社网址	http://www.pspress.cn
总　经　销	天津凤凰空间文化传媒有限公司
总经销网址	http://www.ifengspace.cn
印　　刷	深圳市雅佳图印刷有限公司

开　　本	710 mm×1 000 mm　1 / 12
印　　张	33
字　　数	100 000
版　　次	2018年1月第1版
印　　次	2018年1月第1次印刷

标准书号	ISBN　978-7-5537-8524-0
定　　价	368.00元

图书如有印装质量问题，可随时向销售部调换（电话：022-87893668）。